Hildegard Iserlohe · Gertrude Zips

Hardanger Auslese

rosenheimer raritäten

HILDEGARD ISERLOHE · GERTRUDE ZIPS

HARDANGER AUSLESE

rosenheimer

Dank

Wir danken den Möbelhäusern Fallender, Rosenheim, (Seite 54/55, 58, 60, 61, 66/67) und Domicil, Kolbermoor, (S. 45, 46, 48, 49, 57, 59, 65, 68), daß wir dort Innenaufnahmen machen durften.

Für die Unterstützung mit Stoffen und Garn danken wir allen in dem Buch genannten Firmen.

Das Titelbild zeigt einen Herzläufer (Anleitung Seite 20), die Buchrückseite ein Deckchen mit Edelweiß (Anleitung S. 21).

ISBN 3-475-52748-0

Dieses Buch erscheint in der Reihe »Rosenheimer Raritäten« im Rosenheimer Verlagshaus Alfred Förg GmbH & Co. KG, Rosenheim. Alle Aufnahmen besorgte Fotodesign Eugen Mayer, Werbehaus Rosenheim. Die Gestaltung des Umschlages führte Ulrich Eichberger, Innsbruck aus. Die Reproduktionen fertigte ColorLine, Verona. Das Buch wurde gesetzt von Fotosatz Leingärtner, Nabburg, gedruckt und gebunden bei Haßfurter Tagblatt, Haßfurt.

All unseren Stickerinnen gewidmet

*Du lebst nicht von den Dingen,
sondern von dem Sinn der Dinge*

Antoine de Saint-Exupéry

Vorwort

Hardanger ist für uns nicht alles, aber alles wäre für uns nichts, ohne Hardanger.
Das Motto, das uns nun seit Jahren Leitspruch ist, ist auch Grundgedanke des vorliegenden Buches, das wir für Sie, liebe Leserin, wieder mit viel Liebe und Sorgfalt zusammengestellt haben.
Hardanger Auslese beinhaltet alle Stilrichtungen dieser norwegischen Stickkunst, deren Beliebtheit bei allen handarbeitsbegeisterten Damen und mittlerweile auch Herren stetig wächst.
Sie finden von der Volkskunst bis zur Spitzentechnik Muster und Modelle, die keine Wünsche offen lassen.
Entworfen wurden die Muster von Hildegard Iserlohe. Die Ausführung der Modelle und die Erarbeitung des Buches erfolgte in Zusammenarbeit mit Gertrude Zips.
Gedacht haben wir an Sie alle, die Sie sticken!
Das Konzept des Buches wurde wie in den bereits erschienenen Büchern »Hardanger Kostbarkeiten« und »Hardanger Meisterstücke«, beibehalten.
Es hat sich bewährt, das Muster im Detail vorzustellen. Diese Verfahrensweise gewährleistet ein leichtes Nacharbeiten der Entwürfe. Diagramme, wie sie in der Vergangenheit üblich waren, sind deshalb entbehrlich.
Einzelne Stiche werden anhand von Stickproben erläutert.
Sehr erfreulich ist die große Palette neuer Stoffe und Stoffarben, die die einschlägigen Firmen anbieten. Dieses große Materialangebot ermöglicht es uns, den häufig wechselnden Modetrends umgehend Rechnung zu tragen und Modelle anzubieten, die in das Ambiente moderner aber auch rustikaler und gediegener Wohnungseinrichtungen passen. Die vorgestellten Modelle möchten wir von Ihnen auch als Anregung für eigene Entwürfe verstanden wissen. Viele der Kreationen sind in den Ausmaßen veränderbar und die Muster übertragbar in andere Modelle.
Wir wünschen Ihnen nun viel Vergnügen beim Durchblättern und Nacharbeiten unserer »Hardanger Auslese«.

Hildegard Iserlohe Gertrude Zips

Arbeitshinweise

Stoff

Wir empfehlen nur *Stoffe* bester Qualität zu verarbeiten. Der Stoff muß in Kette und Schuß egal sein, da die Hardangerstickerei eine Zähl- und Durchbruchstickerei ist. Beim Stoffkauf immer 10-15 cm mehr kaufen als die Modellgröße ausmacht, insbesondere beim Hohlsaumrand ist dies wichtig.
Hat das Modell z. B. eine fertige Seitenlänge von 50 cm, einschließlich einer Hohlsaumbreite von 2 cm, so ist für den Hohlsaum bei zweimaligem Stoffeinschlag eine Länge von nochmals 4 cm einzukalkulieren.
Gestickt wird mit stumpfen *Nadeln*.

Nadel

Die verwendeten Nadelstärken sind:
Nr. 18 für die Perlgarnstärke Nr. 3
Nr. 20 für die Perlgarnstärke Nr. 5
Nr. 22 für die Perlgarnstärke Nr. 8.

Stickrahmen

Bei der Wahl des *Stickrahmens* empfehlen wir nach jahrelanger Erfahrung die Verwendung eines Federrahmens Kunststoff/Metall mit einem Durchmesser von 13 cm, den Sie in allen einschlägigen Geschäften erhalten.

Garn

Die verarbeiteten *Garne* sind Perlgarne, die in verschiedenen Mengenabpackungen erhältlich sind. Bei der Erarbeitung größerer Modelle empfehlen wir den Kauf von 50-Gramm-Strängen, die es in den Stärken Nr. 3 und Nr. 5 gibt, da diese Abpackungen im Vergleich zu den 5-Gramm-Strängen kostengünstiger sind.

Abändern

Die Muster lassen sich in ihrer *Größe* und *Wirkung* allein durch eine andere Stoffwahl als die angegebene, verändern.
Als Beispiel soll ein im Durchmesser 23 cm großes Modell dienen, bei einer Fadenzahl von 140:
6 Gewebefäden = 1 cm = 23 cm Modellgröße
7,1 Gewebefäden = 1 cm = 20 cm Modellgröße
7,5 Gewebefäden = 1 cm = 18,5 cm Modellgröße
8 Gewebefäden = 1 cm = 17,5 cm Modellgröße
8,7 Gewebefäden = 1 cm = 16 cm Modellgröße
9 Gewebefäden = 1 cm = 15,5 cm Modellgröße
10 Gewebefäden = 1 cm = 14 cm Modellgröße.
Je nach Fadendichte sind dann für die Plattstichfassungen Garn der Stärke Nr. 3 und für Stege und Langettenrand Garnstärke Nr. 5 zu verwenden oder bei Stoffen mit größerer Fadendichte, also 8,7 Fäden aufwärts, Garnstärke Nr. 5 für Plattstiche und Garnstärke Nr. 8 für Stege und Langettenrand.
Grundsätzlich gilt:
Je grober der Stoff, desto größer und rustikaler das Muster,
je feiner der Stoff, desto kleiner und filigraner das Muster.
Eine weitere Variante ist die Verwendung der Garnstärke Nr. 8 für Stege und Durchbrüche bei groben Stoffen, also Stoffen mit niedriger Fadenzahl, z. B. 6 Gewebefäden, 7,1 und 7,5.

Die Verwendung des feinen Garns bewirkt ebenfalls ein filigranes Aussehen der Stege und Durchbrüche, hat allerdings auch Auswirkungen auf die Stickzeit!

Fadenlauf

Die Modelle sind zum Teil im schrägen *Fadenlauf* gearbeitet. Bei diesen Kreationen bleiben Dreiecke als Reste übrig. Diese lassen sich ideal für kleine Deckchen verarbeiten, müssen also nicht weggeworfen werden.

Langettenrand

Ist das Modell mit einem *Langettenrand* abgeschlossen, wird auf der linken Seite durch den Langettenrand ein Garnfaden der Stärke Nr. 3 durchgezogen, und zwar in dem Garnfarbton, in dem das Modell gearbeitet ist. Dieser Faden erhöht die Stabilität des Randes und verhindert ein Ausreißen desselben.

Spitzenrand

Der *Spitzenrand* wird auf der linken Seite mit einem Spezialkleber gesichert. Dieser Kleber wird auf die zu überstickenden Fadenkreuze aufgetragen.

Ausschneiden

Beim *Ausschneiden* ist eine scharfe, spitze Schere unabdingbar.

Waschen

Wie bereits erwähnt, sind die verarbeiteten Stoffe von hoher Qualität und deshalb auch in der Waschmaschine waschbar. Verwenden sollten Sie ein Feinwaschmittel und die Stickerei in einem Waschbeutel waschen. Wir empfehlen eine Wäsche bis 60 Grad.

Bügeln

Zum *Bügeln* wird das Modell von links mit Sprühstärke besprüht und auf einem Frotteehandtuch glattgebügelt. Auf dem Frotteehandtuch bleibt die Stickerei plastisch und wird nicht durch das Bügeleisen platt gedrückt.

Monogramme

In den Tafeltüchern befinden sich *Monogramme,* die dem Handarbeitsbuch »Kreuzstich-Alphabete« von Barbara Müller entnommen wurden. Das Buch ist im Rosenheimer Verlagshaus erschienen.

Reihenfolge

Das Modell *beginnen* Sie immer mit den Plattstichfassungen. Sind in einem Muster Madeiraröschen gearbeitet, so werden diese nach den Plattstichfassungen ausgeführt, also bevor Sie anfangen auszuschneiden.

Sind keine anderen Angaben an den Modellen gemacht, so können die weiteren Sticharten in beliebiger *Reihenfolge* erarbeitet werden.

Arbeitsanleitung zum Lampenschirm auf Seite 76:

Der Lampenschirm hat sechs Motive. Zunächst ein halbes Motiv sticken, dann fortlaufend fünf Motive aneinandersetzen, daran anschließend noch ein halbes Motiv, das gegengleich zum ersten Motiv gestickt wird. An den zwei halben Motiven den Stoff mit der Nähmaschine exakt zusammennähen. Am oberen und unteren Rand Gummi einziehen. Mit Batist oder Taft füttern.

Bei der Stickerei werden zuerst die Malteserkreuze und danach die Stopfstege gearbeitet. Die Größe des Schirms läßt sich beliebig verändern. Ein Motiv ist 17 cm lang und 25 cm breit.

Das Schirmgestell ist in Bastelgeschäften erhältlich.

Plattstichfassungen im geraden Fadenlauf. Jede Plattstichfassung besteht aus 5 Stichen, wobei jeder Stich über 4 Gewebefäden gestickt wird. Zwischen den Plattstichfassungen ist ein Abstand von 4 Gewebefäden.

Plattstichfassungen im schrägen Fadenlauf angeordnet.

Plattstichfassungen als Quadrat im geraden Fadenlauf angeordnet, mit zum Teil ausgeschnittenen und ausgezogenen Gewebefäden.

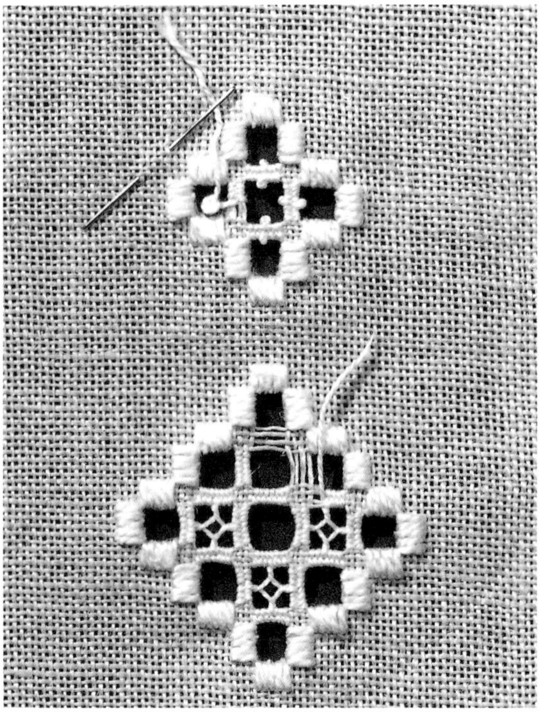

Pikotsteg im schrägen Fadenlauf gearbeitet.

Schlingstich im schrägen Fadenlauf gearbeitet.

Stopfstege in eine Plattstichanordnung im geraden Fadenlauf angeordnet.

Schlingstich in Stopfstege eingearbeitet
Es werden drei Stege gestopft und der vierte Steg bis zur Mitte, dann wird die Schlinge eingearbeitet, indem die Nadel in jeden der 3 Stege von oben durchgestochen wird und der Garnfaden unter der Nadel liegen bleibt. Danach wird der vierte Steg zugestopft.

Schnecke
Wird wie der Schlingstich gearbeitet, bevor jedoch die Schlinge beim vierten Steg geschlossen wird, wird der Garnfaden noch 2 x um die Schlingen herumgeführt, danach wird der 4. Steg zugestopft.

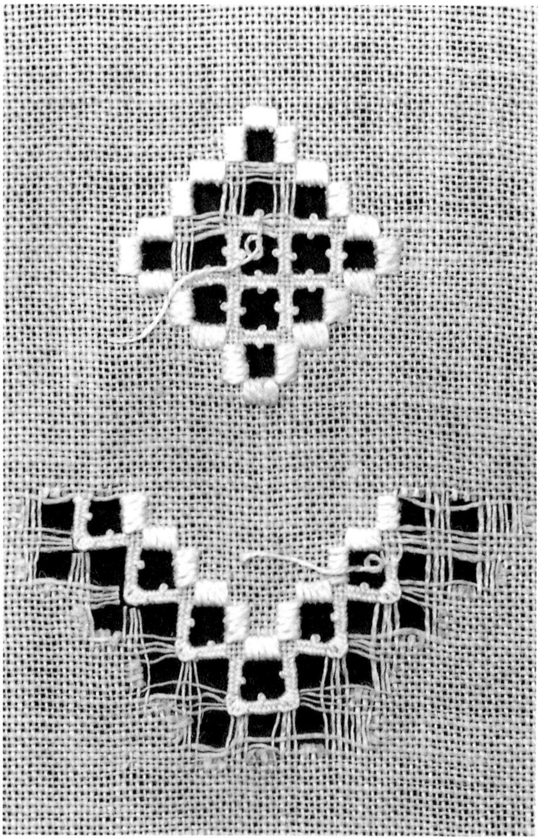

Pikotstege
Das Pikot ist ein Knoten im Garnfaden. Die Schwierigkeit besteht darin, den Knoten direkt an den Steg anzulegen. Dafür wird die Garnschlinge mit dem linken Daumen am Steg festgehalten, während mit der rechten Hand der Garnfaden zu einem Knoten zugezogen wird.

Abwandlung der Pikotstege in einem Spitzenrand.

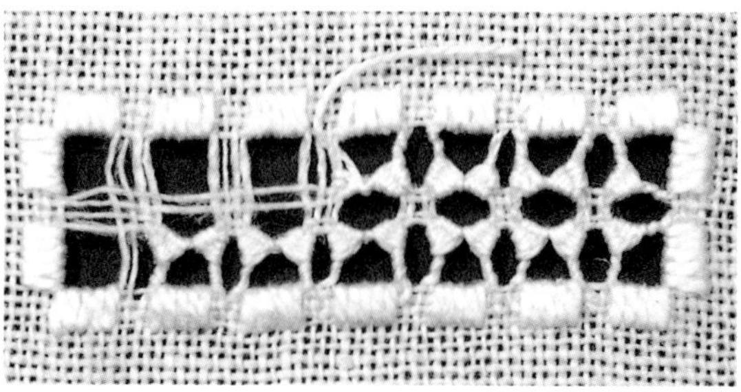

Malteserkreuze im geraden Fadenlauf
Zwischen den Plattstichfassungen liegen 12 Gewebefäden. Das Fadengitter wird in zwei Arbeitsgängen bestickt, siehe Abbildung. Gestickt wird wie beim Viertelmalteserkreuz, 2 Gewebefäden 3 x zur Mitte hin umwickeln, dann mit der Nadel in die Mitte der daneben liegenden 4 Gewebefäden einstechen und abwechselnd die jeweils 2 Gewebefäden 4 x umwickeln, dann die noch freiliegenden Gewebefäden 2 x umwickeln. Mit einem Rückstich in der Plattstichfassung den Stickfaden sichern und dann das nächste Viertelmalteserkreuz arbeiten.

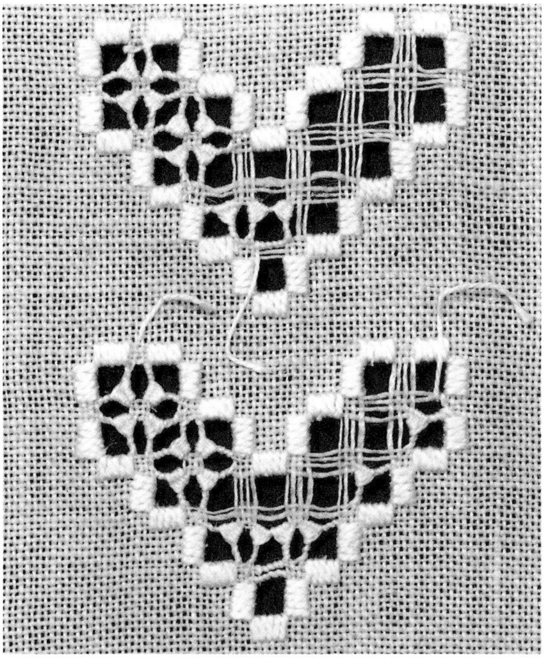

Malteserkreuz im schrägen Fadenlauf
Zwischen den Plattstichgruppen liegen 20 Gewebefäden. Das Fadengitter wird in zwei Arbeitsgängen bearbeitet. Zunächst 1 Viertelmalteserkreuz fortlaufend arbeiten, dann in einem zweiten Arbeitsgang die restlichen 3 Viertelmalteserkreuze sticken.

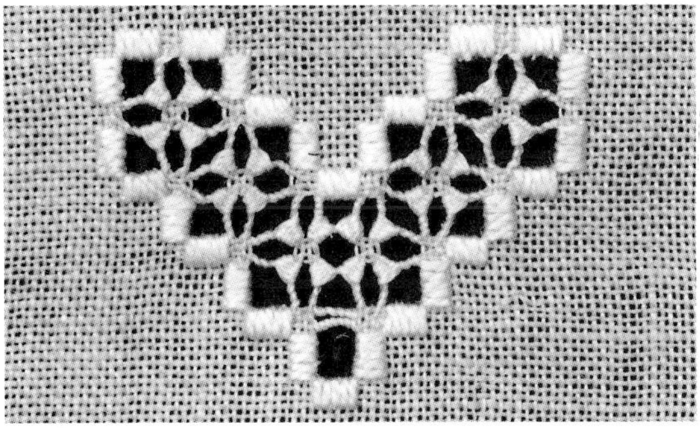

Fertig gearbeitete Malteserkreuzkante im schrägen Fadenlauf.

Malteserkreuz einzeln
Es werden 12 Gewebefäden im Quadrat benötigt. Von den Ecken aus 4 Gewebefäden schneiden, die mittleren 4 Gewebefäden stehen lassen. Das Kreuz wird gestopft, indem 2 Gewebefäden 3 x zur Mitte hin umwickelt werden, die Nadel zwischen die 4 gegenüberliegenden Gewebefäden geführt wird und abwechselnd 4 x beide Stege umwickelt werden. Danach den noch halb offenen Steg 2 x umwickeln. Der Garnfaden wird mit einem Rückstich in der Plattstichfassung gesichert, dann werden die restlichen 3 Viertelmalteserkreuze gestickt.

Abwandlung
Vier Malteserkreuze ineinander gearbeitet. Dafür sind 20 Gewebefäden im Quadrat erforderlich.

Edelweiß
Das Edelweiß ist ein Zierstich über 12 Gewebefäden. Von der Ecke aus werden jeweils 5 Gewebefäden ausgeschnitten, so daß die mittleren beiden Gewebefäden auf jeder Seite stehenbleiben. In einem zweiten Arbeitsgang diagonal Hilfsfäden einziehen, 3 der Hilfsfäden werden umwickelt, der vierte Hilfsfaden bleibt offen. Von der Mitte aus werden nun 4 Runden gearbeitet. Dafür wird die Nadel immer unter zwei Stegen durchgeführt und der letzte Steg immer noch einmal umwickelt. Nach 4 Runden werden die Blüten angestickt. Die Nadel wird um den Garnfaden der letzten Runde geführt und abwechselnd der Steg und der Garnfaden der vierten Runde umwickelt. Die Arbeitstechnik bei der Blüte gleicht der des Malteserkreuzes.

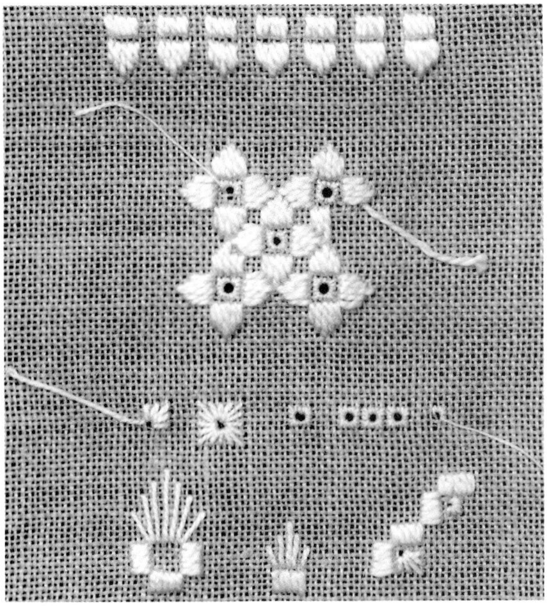

Zierstichanordnung über 4, 5, 6, 5, 4 Gewebefäden.
Kleeblattstich mit Madeiraröschen
Beim Kleeblattstich gehen die Stiche über folgende Gewebefädenanzahl: 4, 5, 6, 5, 4.
Madeiraröschen
Das Loch entsteht ausschließlich durch Zusammenziehen von 2 Gewebefäden bei einem Fadengitter von einer Seitenlänge von 4 Gewebefäden.
Eine Abwandlung ist die Garnfadenführung über 4 Gewebefäden bei einer Fadengitterseitenlänge von 8 Gewebefäden. Bei diesem Stich ist in der Außenkante immer 1 Gewebefaden übersprungen.
Zierstich über 4, 7, 9, 11, 9, 7, 4 Gewebefäden.
Zierstich auf einer Plattstichfassung über 4, 6, 8, 6, 4 Gewebefäden.
Viertel Madeiraröschen in einer Plattstichfassung über 4 Gewebefäden und über 2 Gewebefäden.

Gänseblümchen
Zuerst die Stege stopfen, danach das Gänseblümchen arbeiten, welches möglichst in einem anderen Farbton gestickt werden sollte, damit sich dieser Füllstich von den Stopfstegen abhebt. Das Gänseblümchen wird mit Perlgarn Nr. 5 gestickt, wobei die Stege abwechselnd von oben und unten 4 x umschlungen werden. Nach Ausführung des 4. Blattes kann noch ein Schlingstich in die Mitte gestickt werden.

Plattstichanordnung in einer Außenumrandung über 13 Plattstiche. Die Anordnung der Stiche geht über 4, 4, 4, 4, 8, 8, 8, 8, 8, 4, 4, 1, 1 Gewebefäden.

Stopfstege mit eingezogenem Hilfsfaden. Der Hilfsfaden wird von der Ecke aus in die Mitte des Fadenkreuzes gestochen, dann wird der Hilfsfaden 2 x umwickelt und der Garnfaden wird auf der linken Seite unter der Plattstichfassung in die nächste Ecke geführt.

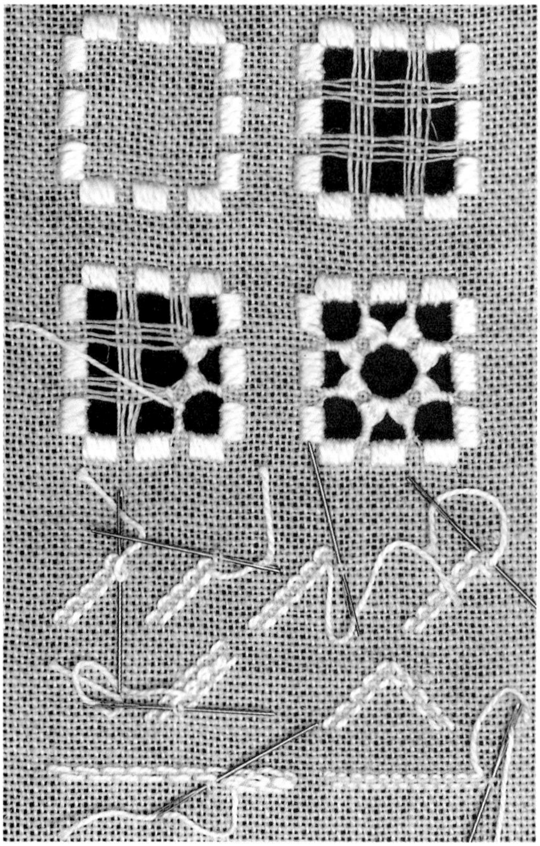

Heckenrose
Zunächst 3 Plattstichfassungen als Quadrat sticken. Jede Seite geht über 20 Gewebefäden. Zwischen den Plattstichfassungen die stehengebliebenen Gewebefäden wie das Malteserkreuz umsticken, allerdings nicht 2 Stoffäden, sondern alle 4 Fäden auf einmal.

Rückstiche in verschiedenen Anwendungen
Rückstich über 2 Gewebefäden im schrägen Fadenlauf,
doppelter Rückstich im schrägen Fadenlauf.
Rückstich über 4 Gewebefäden im geraden Fadenlauf.
Rückstich über 2 Gewebefäden im geraden Fadenlauf.

Halber Vollstichstern
Jedes Viertel wird von der Mitte aus begonnen. Die Stiche werden über folgende Gewebefädenanzahl gestickt:
2, 2, 4, 4, 6, 6, 8, 8, 10, 10, 8, 8, 6, 6, 4, 4, 2, 2.

Vollstichstern
Wird gearbeitet wie halber Vollstichstern.

Viertel Vollstichstern
Wird gearbeitet wie halber Vollstichstern und Vollstichstern.

Vollstichstern, bei dem jeder Stich versetzt ist
Jedes Viertel wird in der Mitte begonnen. Die Stiche werden über folgende Gewebefädenanzahl gestickt: 2, 3, 4, 5, 6, 7, 8, 7, 6, 5, 4, 3, 2.

Plattstichfassung in einer anderen Zieranordnung
Die Plattstichfassung auf jeder Seite geht über 13 Stiche, die Gewebefadenzahlreihe ist: 4, 4, 4, 4, 8, 8, 8, 8, 8, 4, 4, 4, 4. Die mittleren 4 Gewebefäden sind ausgeschnitten. Die Stege sind mit Pikots gestopft.

Schnecke in ein Muster im schrägen Fadenlauf gestickt.

Zwölfertakt
Hier muß beim Ausschneiden darauf geachtet werden, daß immer 12 Gewebefäden nebeneinander stehenbleiben. Es wird also nur jede zweite Plattstichfassung ausgeschnitten.
Für jeden Steg werden 4 Gewebefäden benötigt. Damit die 3 Stege gerade, also exakt parallel zueinander stehen, muß beim Übergang von einem Steg zum nächsten Steg 1 x mit dem Garnfaden ein Stoffaden umstochen werden. Der Zwischenstich verhindert, daß der jeweils mittlere der drei Stege optisch schräg gearbeitet erscheint.

Zierumrandungen
Die Umrandung geht auf jeder Seite über folgende Gewebefädenanzahl: 8, 7, 6, 5, 4, 3, 2, 3, 4, 5, 6, 7, 8.

Die linke Zierumrandung geht über 13 x 4 Gewebefäden.

Zierumrandung mit Edelweiß (unten)
Die Umrandung geht auf jeder Seite über folgende Gewebefädenanzahl: 4, 4, 4, 4, 4, 6, 8, 6, 4, 4, 4, 4, 4

Die rechte Zierumrandung ohne Füllstich geht über folgende Gewebefädenanzahl: 4, 4, 4, 5, 6, 7, 8, 7, 6, 5, 4, 4, 4.

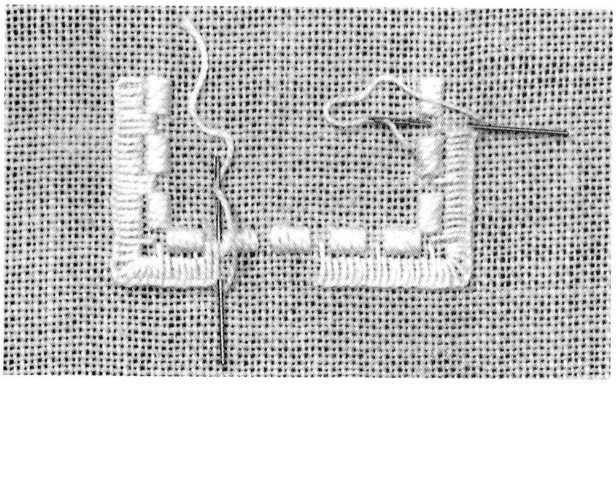

Verschiedene **Zieranordnungen** des Langettenrandes

1. Der Langettenrand ist im geraden Fadenlauf gearbeitet. Er geht abwechselnd über 4 Gewebefäden und zwischen den Plattstichfassungen über 6 Gewebefäden. Die unterschiedliche Stichhöhe verhindert ein Ausreißen des Langettenrandes.

2. Langettenrand im schrägen Fadenlauf. Jeder Stich geht über 4 Gewebefäden. Die Ecke besteht aus 5 Stichen, wobei immer in dasselbe Loch eingestochen wird, während an der Ausstichstelle ein Gewebefaden übersprungen wird.
3. Langettenzierrand: Hier wird die ganze Langettenecke direkt an den fünften Stich der Plattstichfassung gearbeitet. Die Ecke besteht aus 5 Stichen, wobei zwischen den Stichen jeweils ein Gewebefaden übersprungen wird. Alle Langettenränder werden nach deren Fertigstellung noch einmal gegen ein eventuelles Ausreißen gesichert. Dabei wird von links durch den Langettenrand ein Garnfaden der Stärke Nr. 3 im Farbton der Stickerei gezogen. Beim Langettenzierrand sollte zusätzlich auf der linken Seite nach dem Ausschneiden ein Tupfer Gütermann HT2-Textilkleber auf jede Spitze aufgetragen werden.

Spitzenrand
An den Plattstichfassungen werden jeweils 4 Gewebefäden abgeschnitten. Danach wird ein Gitter gezogen, und zwar in der Breite, in der die Spitze gearbeitet werden soll. Um den Rand zu sichern, werden die Fadenkreuze unter den Langettenspitzen vor dem Sticken mit Gütermann HT2-Textilkleber gesichert. Dann folgt das Aussticken des Spitzenrandes. Zum Schluß mit einer scharfen, spitzen Schere das überstehende Fadengitter an den Langettenspitzen abschneiden.

Viertelmalteserkreuz
Das Viertelmalteserkreuz ist in den schrägen Fadenlauf gearbeitet, wobei zwischen den Plattstichfassungen 12 Gewebefäden stehen bleiben. Gestickt wird in zwei Arbeitsgängen. Zunächst an der einen Seite die Viertelmalteserkreuze anordnen, dann auf der Gegenseite.
Dabei werden 2 Gewebefäden dreimal zur Mitte hin umwickelt, zwischen die 4 Gewebefäden des nächsten Steges einstechen und dann abwechselnd die beiden Gewebestege 4 x umwickeln. Zum Schluß die noch offen liegenden 2 Gewebefäden 2 x umwickeln.

Malteserkreuze im Spitzenrand
Langettenrand und Malteserkreuze werden in einem Arbeitsgang gearbeitet.

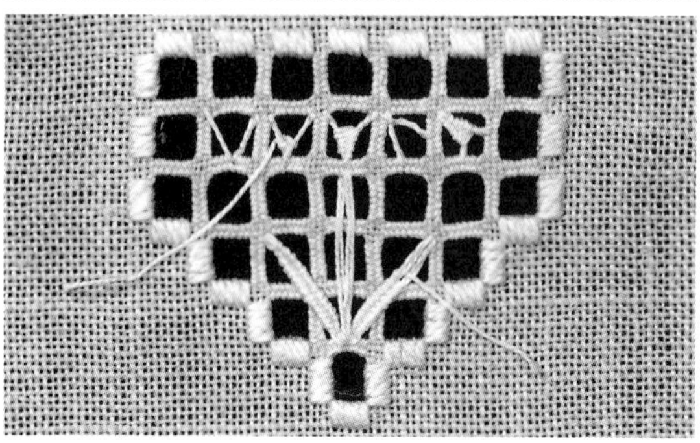

Spitze eingestickt in Stopfstege
Die Spitze ist ein Zierstich, der erst nach dem Aussticken der Stopfstege gearbeitet wird. Dafür werden Hilfsfäden eingezogen. Für die Viertelspitze genügt ein Hilfsfaden, für den langen gestopften Steg werden 4 Fäden nebeneinander eingezogen und überstickt, wobei an den Enden beim Stopfen der Faden fester angezogen wird und zur Mitte hin der Faden lockerer umwickelt wird.

Muster

Scheue Dich nicht, von Deinen Talenten
Gebrauch zu machen.
Es wäre still in den Wäldern,
würden sich nur die besten Sänger
unter den Vögeln hören lassen.

Herzläufer (Titelbild)

Größe: 90 cm lang, 35 cm breit
Stoff: Reines Leinen 6 Fäden/cm (Vieböck-Leinen Nr. 240, Farbe weiß, 40 und 150 cm breit)
Sticharten und Garn:
Plattstich, Garn Nr. 3
Stopfstege, Garn Nr. 5
Langettenrand, Garn Nr. 5
Madeiraröschen, Garn Nr. 8
Garnverbrauch: MEZ Perlgarn, Farbe 02 (weiß)
50 Gramm Nr. 3, 10 Gramm Nr. 5, 10 Gramm Nr. 8

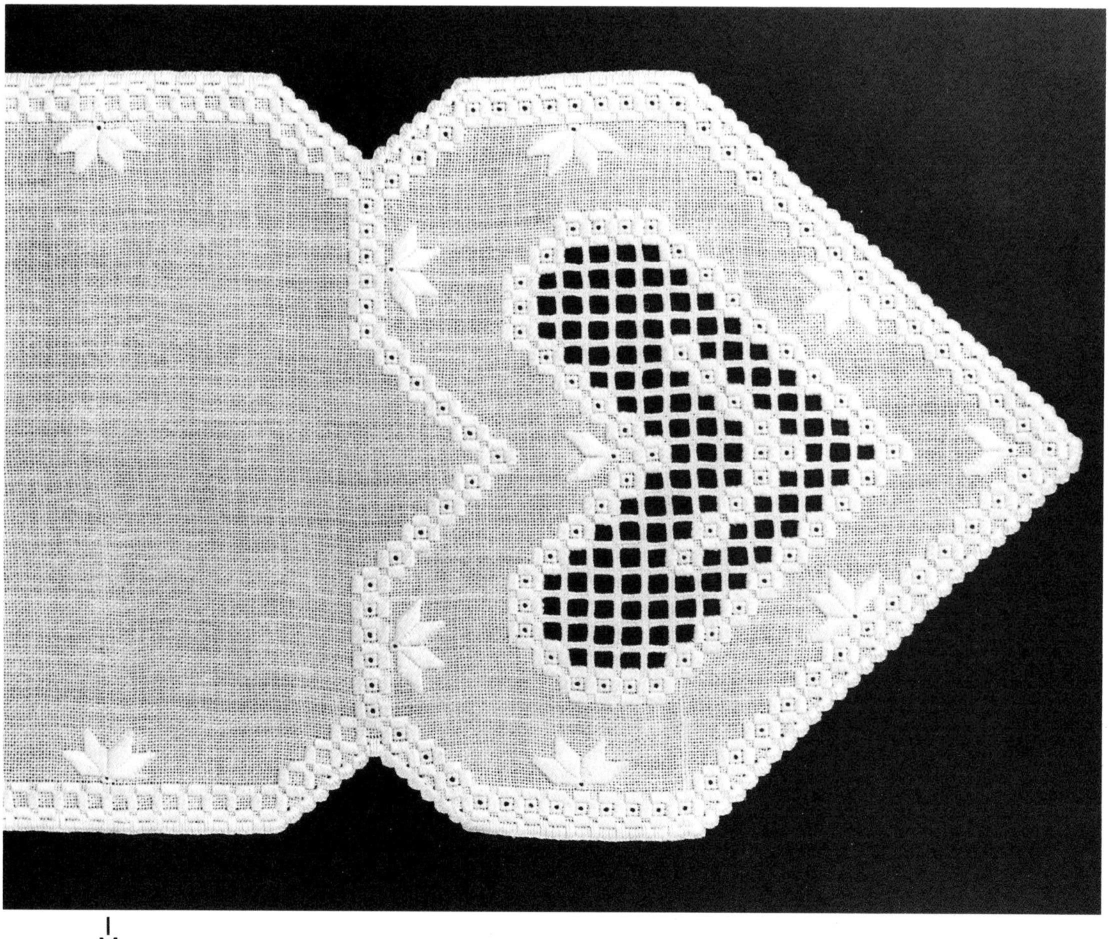

M

Deckchen (Buchrückseite)

Größe: 19 x 19 cm
Stoff: Reines Leinen 6 Fäden/cm (Vieböck-Leinen Nr. 240, Farbe natur, 40, 150 und 180 cm breit)
Sticharten und Garn:
Plattstich, Garn Nr. 3
Viertelstern, Garn Nr. 5
Langettenrand, Garn Nr. 8
Edelweiß, Garn Nr. 8
Garnverbrauch: MEZ Perlgarn, Farbe 387 (creme)
5 Gramm Nr. 3, 5 Gramm Nr. 5, 10 Gramm Nr. 8

Runde Herzdecke (Farbbild S. 44)

Größe: 80 cm Durchmesser
Stoff: Mischgewebe 8 Fäden/cm (Bellana von Zweigart und Sawitzki, Farbe 264 (creme), 140 und 180 cm breit)
Sticharten und Garn:
Plattstich, Garn Nr. 3
Langettenrand, Garn Nr. 5
Stopfstege, Garn Nr. 8
Spitzenstickerei, Garn Nr. 8
Schnecke, Garn Nr. 8
Garnverbrauch: MEZ Perlgarn Farbe 390 (écru)
30 Gramm Nr. 3, 15 Gramm Nr. 5, 35 Gramm Nr. 8

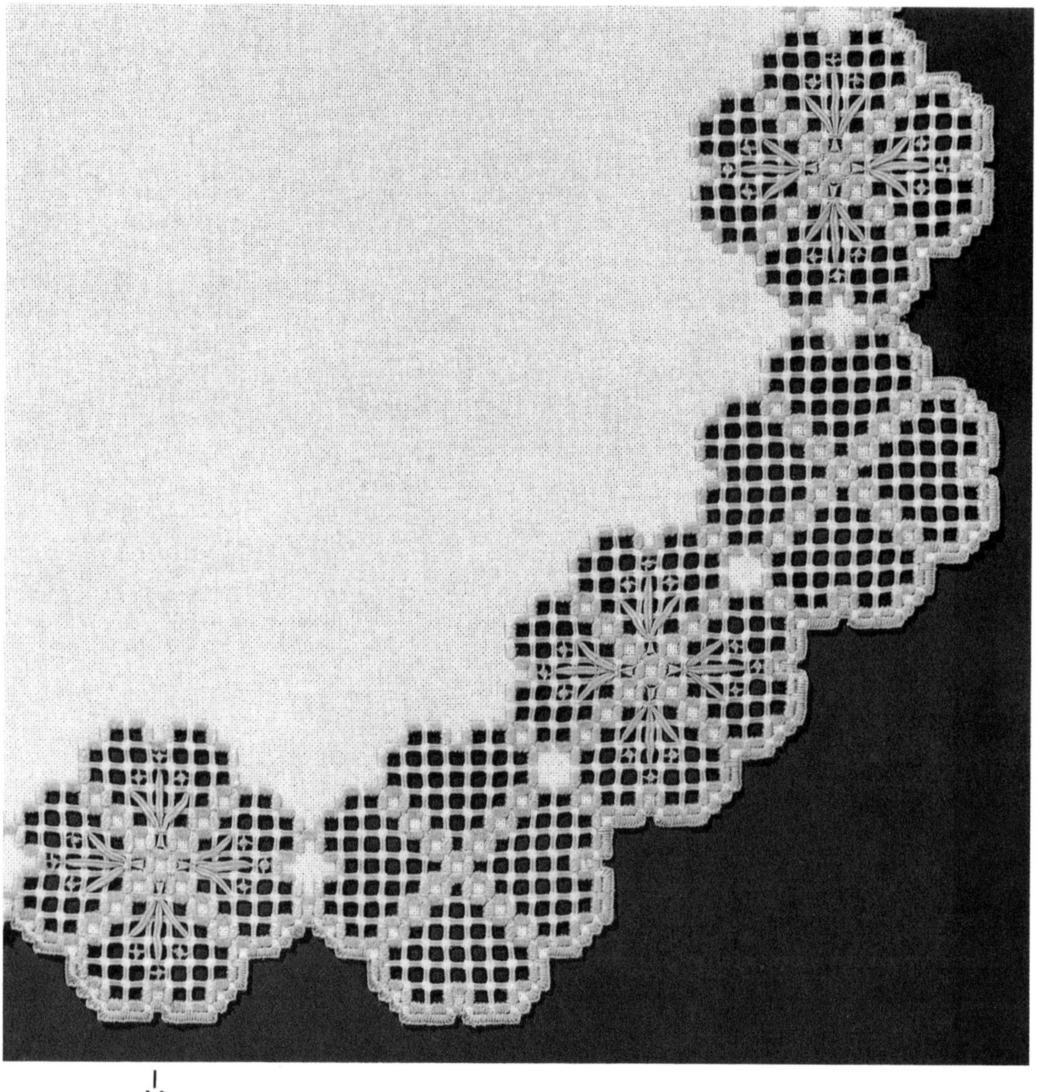

Tablettdeckchen (Farbbild S. 44)

Größe: 52 x 52 cm
Stoff: Mischgewebe 7,5 Fäden/cm (Ariosa von Zweigart und Sawitzki, Farbe 99 (creme))
Sticharten und Garn:

Plattstich, Garn Nr. 3	Stopfstege, Garn Nr. 8
Kleeblattstich, Garn Nr. 3	Spitzenstickerei, Garn Nr. 8
Langettenrand, Garn. Nr. 5	Madeiraröschen, Garn Nr. 8

Garnverbrauch: MEZ Perlgarn Farbe 390 (écru)
50 Gramm Nr. 3, 5 Gramm Nr. 5, 50 Gramm Nr. 8

M–

M

Läufer (Farbbild S.45, links)

Größe: 72 cm lang, 30 cm breit
Stoff: Reines Leinen 8 Fäden/cm (Vieböck-Leinen Nr. 230, Farbe natur, 150 und 200 cm breit)
Sticharten und Garn:
Plattstich, Garn Nr. 5
Stopfstege, Garn Nr. 5
Spitze, Garn Nr. 8
Madeiraröschen, Garn Nr. 8
Spitzenrand, Garn Nr. 8
Garnverbrauch: MEZ Perlgarn Farbe 390 (écru)
15 Gramm Nr. 5, 30 Gramm Nr. 8
Anmerkung: Der Läufer ist im schrägen Fadenlauf gearbeitet.

M–

Deckchen (Farbbild S. 45, Mitte)

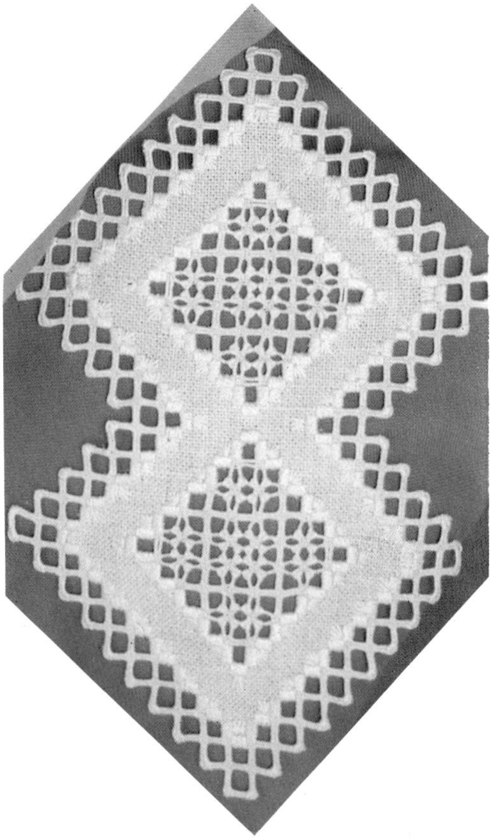

Größe: 28 cm lang, 19 cm breit
Stoff: Wie Läufer links (siehe oben)
Sticharten und Garn:
Plattstich, Garn Nr. 5
Stopfstege, Garn Nr. 8
Malteserkreuze, Garn Nr. 8
Viertelstern, Garn Nr. 8
Spitzenrand, Garn Nr. 8
Garnverbrauch: MEZ Perlgarn Farbe 390 (écru) 5 Gramm Nr. 5, 10 Gramm Nr. 8

Tischband (Farbbild S. 45, rechts)

Größe: 80 cm lang, 17 cm breit
Stoff: Reine Baumwolle 7,1 Fäden/cm (Davosa von Zweigart und Sawitzki, Farbe 252 (creme), 140 und 180 cm breit)
Sticharten und Garn:
Plattstich, Garn Nr. 3
Malteserkreuze, Garn Nr. 8
Spitzenrand, Garn Nr. 8
Madeiraröschen, Garn Nr. 8
Garnverbrauch: MEZ Perlgarn Farbe 926 (elfenbein) 20 Gramm Nr. 3, 30 Gramm Nr. 8

Läufer (Farbbild S. 46)

Größe: 70 cm lang, 25 cm breit
Stoff: Teeleinen 8 Fäden/cm (Sänger Leinen Farbe grau, 180 cm breit)
Sticharten und Garn:
Stopfstege, Garn Nr. 8
Spitze, Garn Nr. 8
Madeiraröschen, Garn Nr. 8
Spitzenrand, Garn Nr. 8
Garnverbrauch: MEZ Perlgarn Farbe 02 (weiß)
15 Gramm Nr. 5, 30 Gramm Nr. 8

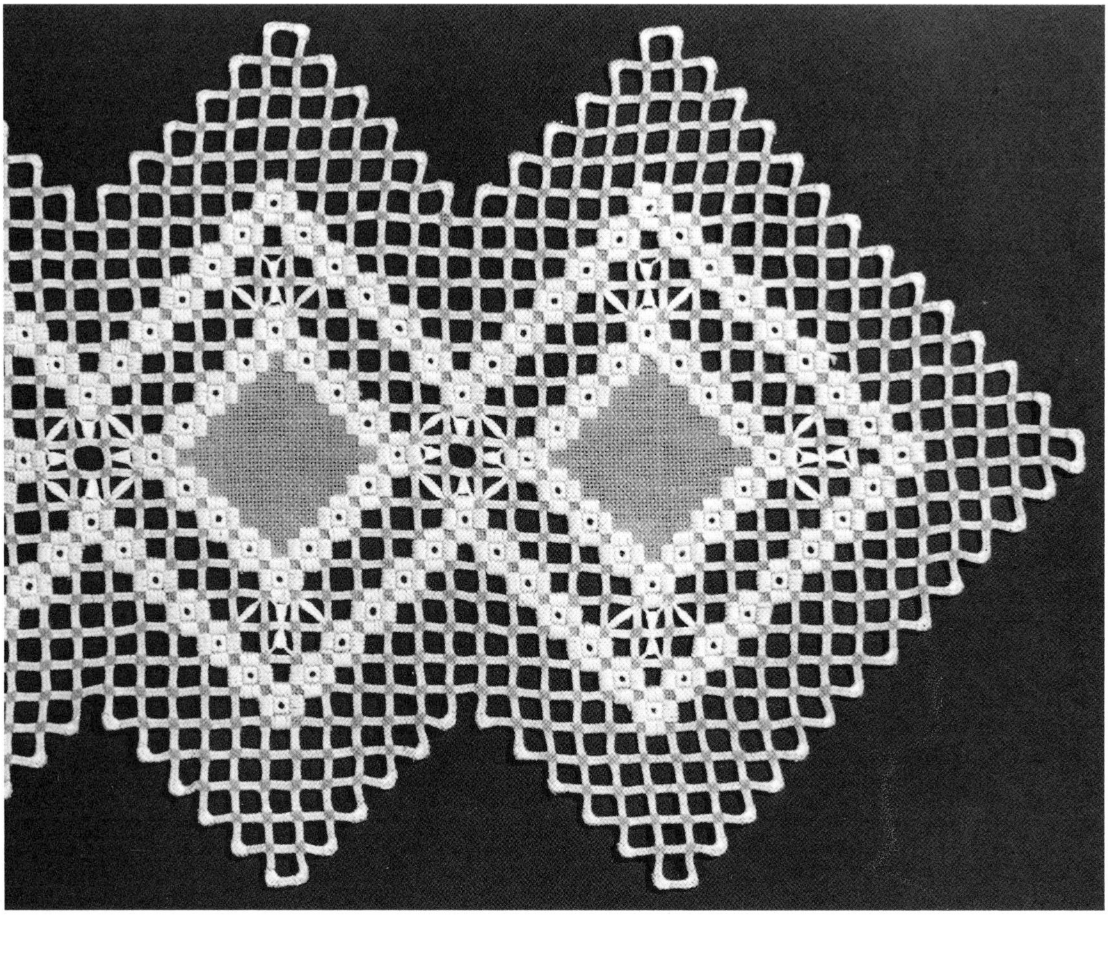

Deckchen (Farbbild S. 46)

Größe: 21 x 21 cm. Das Deckchen ist im schrägen Fadenlauf gearbeitet, deshalb ist der Stoffzuschnitt 35 x 35 cm.
Stoff: Wie Läufer, siehe oben
Sticharten und Garn:
Plattstich, Garn Nr. 5
Stopfstege, Garn Nr. 8
Spitze, Garn Nr. 8
Spitzenrand, Garn Nr. 8
Garnverbrauch: MEZ Perlgarn Farbe 02 (weiß)
5 Gramm Nr. 5, 10 Gramm Nr. 8

Man sieht oft etwas,
hundertmal, tausendmal,
ehe man es zum allerersten Mal
wirklich sieht.

M–

Herzendecke (graublau, Farbbild S. 47)

Größe: 75 x 75 cm
Stoff: Mischgewebe 7,5 Fäden/cm (Ariosa von Zweigart und Sawitzki, Farbe 713 (graublau), 140 und 180 cm breit)
Sticharten und Garn:

Plattstich, Garn Nr. 3	Langettenrand, Garn Nr. 5
Pikotstege, Garn Nr. 5	Madeiraröschen, Garn Nr. 8

Garnverbrauch: MEZ Perlgarn Farbe 02 (weiß)
50 Gramm Nr. 3, 40 Gramm Nr. 5, 10 Gramm Nr. 8

Rosa Tablettdeckchen (Farbbild S. 47)

Größe: 50 cm lang, 34 cm breit
Stoff: Reine Baumwolle 7,1 Fäden/cm (Davosa von Zweigart und Sawitzki, Farbe 411 (rosé), 140 cm breit)
Sticharten und Garn:
Plattstich, Garn Nr. 5
Langettenrand, Garn Nr. 5
Viertel Madeiraröschen, Garn Nr. 5
Pikotstege, Garn Nr. 8
Garnverbrauch: MEZ Perlgarn Farbe 893 (rosé)
25 Gramm Nr. 5, 10 Gramm Nr. 8

M–

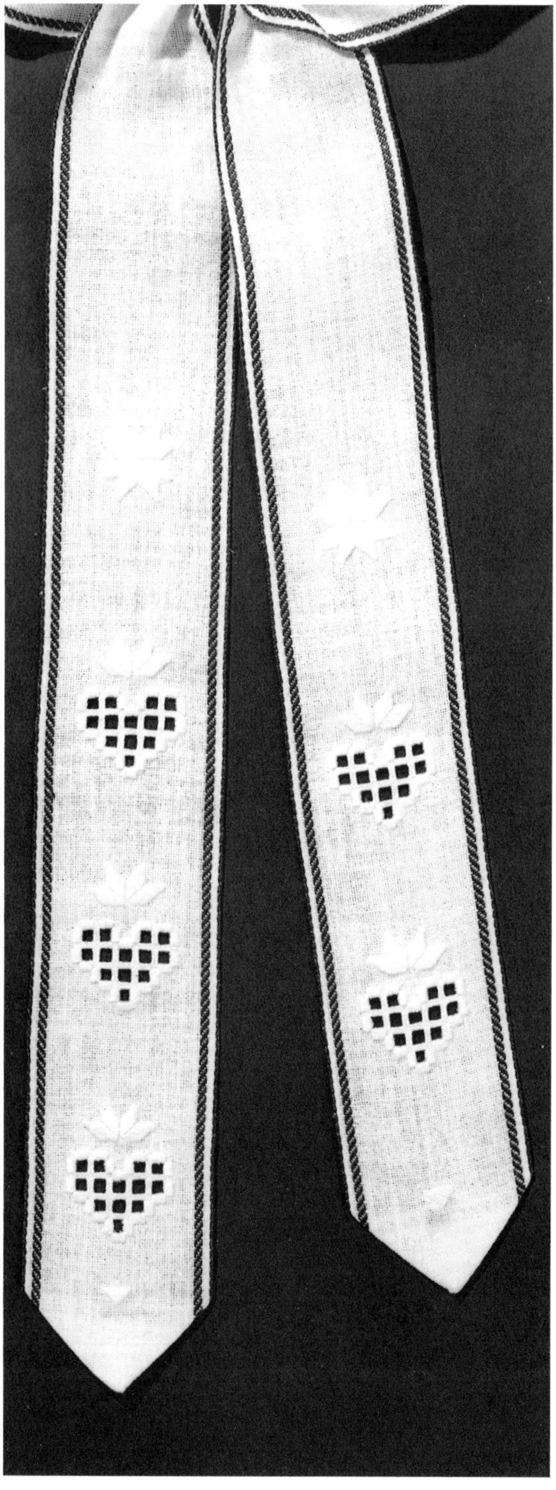

Schleife (Farbbild S. 47)

Größe: 7 cm breit, 170 cm lang
Stoff: Leinenband mit blauer Webkante (Vaupel & Heilenbeck)
Sticharten und Garn:
Plattstich, Garn Nr. 5
Stopfstege, Garn Nr. 8
Garnverbrauch: MEZ Perlgarn Farbe 02 (weiß)
5 Gramm Nr. 5, 10 Gramm Nr. 8

Schlüsselanhänger
(auf dem Tablettdeckchen, Farbbild S. 47)

Größe: 12 x 12 cm
Stoff: Reines Leinen 7 Fäden/cm (Vieböck-Leinen Nr. 240, Farbe weiß, 40 und 150 cm breit)
Sticharten und Garn:
Plattstich, Garn Nr. 3
Langettenrand, Garn Nr. 5
Madeiraröschen, Garn Nr. 8
Garnverbrauch: MEZ Perlgarn Farbe 02 (weiß) 5 Gramm Nr. 3, 5 Gramm Nr. 5, 10 Gramm Nr. 8
Anmerkung: Die Herzdecke des Titelbildes und der Schlüsselanhänger kommen als Kombination auf einer Truhe besonders gut zur Geltung.

Herzanhänger (Farbbild S. 47)

Größe: 43 cm lang, 15 cm breit
Stoff: Reines Leinen 7,5 Fäden/cm (Cork von Zweigart und Sawitzki, Farbe 222 (creme), 140 cm breit)
Sticharten und Garn:
Plattstich, Garn Nr. 3
Stopfstege, Garn Nr. 5
Pikotstege, Garn Nr. 5
Langettenrand, Garn Nr. 5
Garnverbrauch: MEZ Perlgarn Farbe 926 (elfenbein)
10 Gramm Nr. 3, 15 Gramm Nr. 5

Glück findet man nicht in einem ewig lachenden Himmel, sondern in ganz feinen Kleinigkeiten, aus denen wir unser Leben zurechtzimmern.

Läufer (Farbbild S. 48)

Größe: 80 cm lang einschließlich 1 cm Hohlsaumkante, 52 cm breit einschließlich 1 cm Hohlsaumkante
Stoff: Mischgewebe 8 Fäden/cm (Bellana von Zweigart und Sawitzki, Farbe 618 (schilfgrün), 140 und 180 cm breit)
Sticharten und Garn:

Plattstich, Garn Nr. 3	Pikotstege, Garn Nr. 8
Langettenrand, Garn Nr. 5	Madeiraröschen, Garn Nr. 8
Stopfstege, Garn Nr. 8	Hohlsaum, Garn Nr. 8

Garnverbrauch: MEZ Perlgarn Farbe 213 (pastellgrün)
15 Gramm Nr. 3, 5 Gramm Nr. 5, 10 Gramm Nr. 8

Tablettdeckchen (Farbbild S. 48)

Größe: 40 cm lang einschließlich 1 cm Hohlsaumkante, 33 cm breit einschließlich 1 cm Hohlsaumkante
Stoff: Wie Läufer (siehe oben)
Sticharten und Garn:

Plattstich, Garn Nr. 3	Pikotstege, Garn Nr. 8
Langettenrand, Garn Nr. 5	Madeiraröschen, Garn Nr. 8
Stopfstege, Garn Nr. 8	Hohlsaum, Garn Nr. 8

Garnverbrauch: MEZ Perlgarn Farbe 213 (pastellgrün)
10 Gramm Nr. 3, 5 Gramm Nr. 5, 10 Gramm Nr. 8

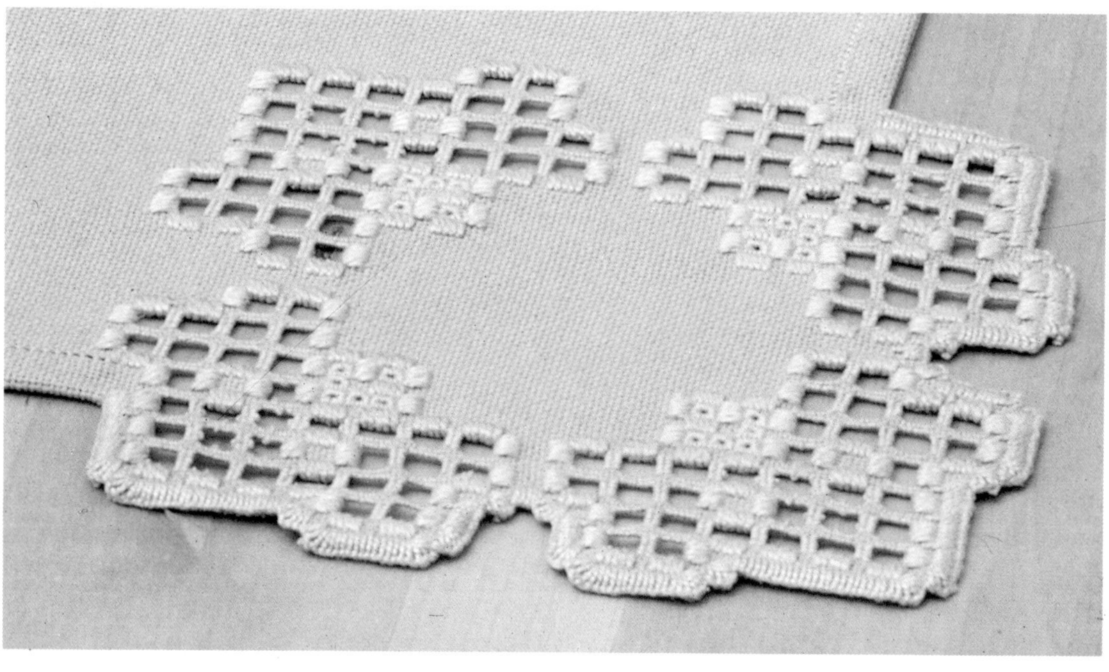

Tischband (Farbbild S. 49)

Größe: 155 cm lang, 25 cm breit
Stoff: Reine Baumwolle 7 Fäden/cm (Rügen von Leibfried, Farbe 440 (hellgrün), 140 cm breit)
Sticharten und Garn:
Plattstich, Garn Nr. 3
Rückstich, Garn Nr. 5
Malteserkreuze, Garn Nr. 8
Spitzenrand mit Pikotstegen, Garn Nr. 8
Madeiraröschen, Garn Nr. 8
Garnverbrauch: MEZ Perlgarn Farbe 213 (pastellgrün)
20 Gramm Nr. 3, 5 Gramm Nr. 5, 10 Gramm Nr. 8
Anmerkung: Das Tischband ist in der Länge veränderbar. Die abgebildete Musterfolge wiederholt sich 5 1/2 mal.

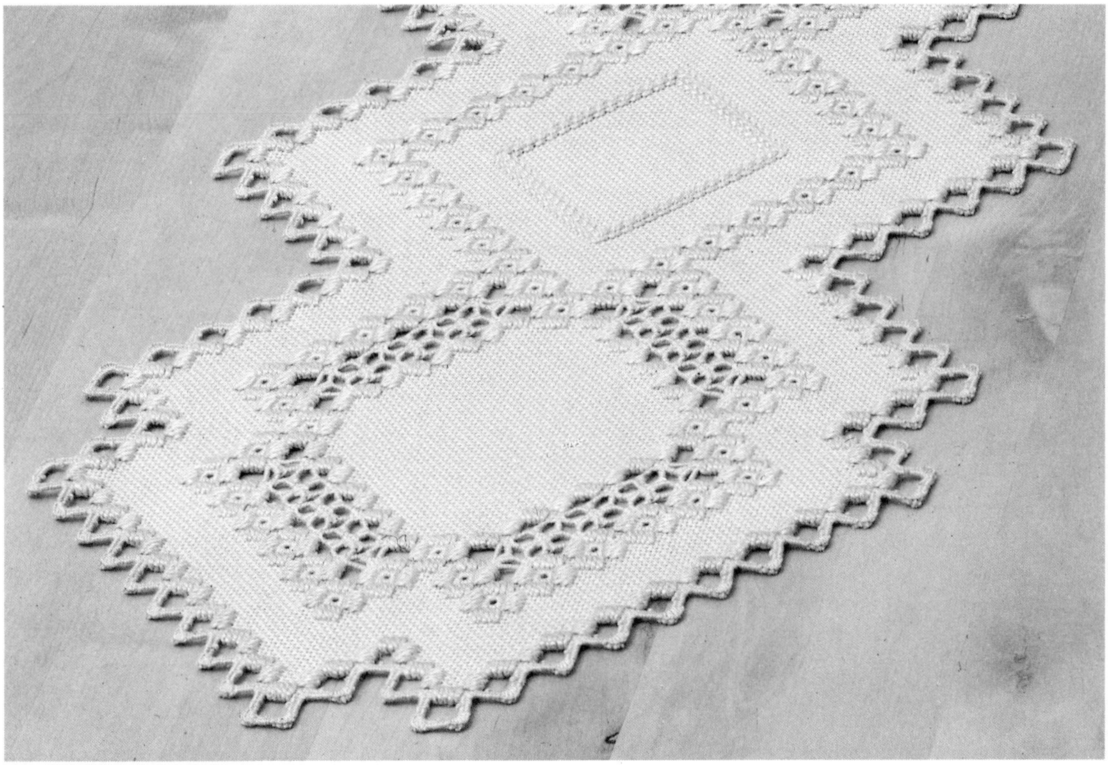

Decke (Farbbild S. 50)

Größe: 73 x 73 cm einschließlich einer Hohlsaumkante von 2 cm Breite.
Stoff: Reine Baumwolle 7,1 Fäden/cm (Davosa von Zweigart und Sawitzki, Farbe 708 (hellgrau), 140 cm breit)
Sticharten und Garn:
Plattstich, Garn Nr. 3, Farbe 397 (perlgrau)
Stopfstege, Garn Nr. 8, Farbe 397 (perlgrau)
Hohlsaum, Garn Nr. 8, Farbe 397 (perlgrau)
Gänseblümchen, Garn Nr. 5, Farbe 02 (weiß)
Garnverbrauch: MEZ Perlgarn
50 Gramm Nr. 3, 25 Gramm Nr. 5,
20 Gramm Nr. 8
Anmerkung: Das Muster ist in Länge und Breite beliebig veränderbar, die Originaldecke hat pro Seitenlänge 15 Motive.

Kissen (Farbbild S. 50)

Größe: 32 x 32 cm, für die Kissenhülle doppelte Stofflänge plus Saumzugabe rechnen.
Stoff: Wie Decke oben
Sticharten und Garn: Wie Decke oben
Garnverbrauch: MEZ Perlgarn
15 Gramm Nr. 3, 5 Gramm Nr. 5, 10 Gramm Nr. 8

Kleiner Läufer (Farbbild S. 51 oben)

Größe: 60 cm lang, 36 cm breit
Stoff: Reines Leinen 7,5 Fäden/cm (Vieböck-Leinen Nr. 230, Farbe rosé, 150 cm breit)
Sticharten und Garn:
Plattstich, Garn Nr. 3
Langettenrand, Garn Nr. 5
Stopfstege, Garn Nr. 8
Madeiraröschen, Garn Nr. 8
Spitze, Garn Nr. 8
Malteserkreuze, Garn Nr. 8
Garnverbrauch: MEZ Perlgarn Farbe 893 (rosé)
25 Gramm Nr. 3, 10 Gramm Nr. 5, 30 Gramm Nr. 8

Großer Läufer (Farbbild S. 51)

Größe: 81 cm lang, 36 cm breit
Stoff: Mischgewebe 7,5 Fäden/cm (Ariosa von Zweigart und Sawitzki, Farbe 420 (altrosa), 140 cm breit)
Sticharten und Garn: Wie Läufer oben
Garnverbrauch: MEZ Perlgarn Farbe 969 (altrosa)
40 Gramm Nr. 3, 20 Gramm Nr. 5, 50 Gramm Nr. 8

M

Brauner Spitzenläufer (Farbbild S. 52 Mitte)

Größe: 110 cm lang, 42 cm breit
Stoff: Mischgewebe 7 Faden/cm (Tirol von Leibfried, Farbe 021 (braun), 170 cm breit)
Sticharten und Garn:
Plattstich, Garn Nr. 3
Kleeblattstich, Garn Nr. 3
Halbe Sterne, Garn Nr. 5
Viertelmalteserkreuz, Garn Nr. 8
Spitzenrand, Garn Nr. 8
Garnverbrauch: MEZ Perlgarn Farbe 392 (graubraun)
50 Gramm Nr. 3, 10 Gramm Nr. 5, 50 Gramm Nr. 8

Ecrufarbener Läufer
(Farbbild S. 52)

Größe: 64 cm lang, 28 cm breit
Stoff: Mischgewebe 7 Fäden/cm (Tirol von Leibfried, Farbe 08 (ecru), 170 cm breit)
Sticharten und Garn:
Plattstich, Garn Nr. 3
Pikotstege, Garn Nr. 5
Langettenrand, Garn Nr. 5
Garnverbrauch: MEZ Perlgarn Farbe 926 (elfenbein)
50 Gramm Nr. 3, 15 Gramm Nr. 5
Anmerkung: Der Läufer ist in den Ausmaßen beliebig veränderbar.

Ecrufarbenes Deckchen
(Farbbild S. 52)

Größe: 23 x 23 cm. Das Deckchen ist im schrägen Fadenlauf gearbeitet, deshalb beträgt der Stoffzuschnitt 35 x 35 cm.
Stoff: Wie Läufer
Sticharten und Garn: Wie Läufer
Garnverbrauch: MEZ Perlgarn Farbe 926 (elfenbein)
15 Gramm Nr. 3, 10 Gramm Nr. 5

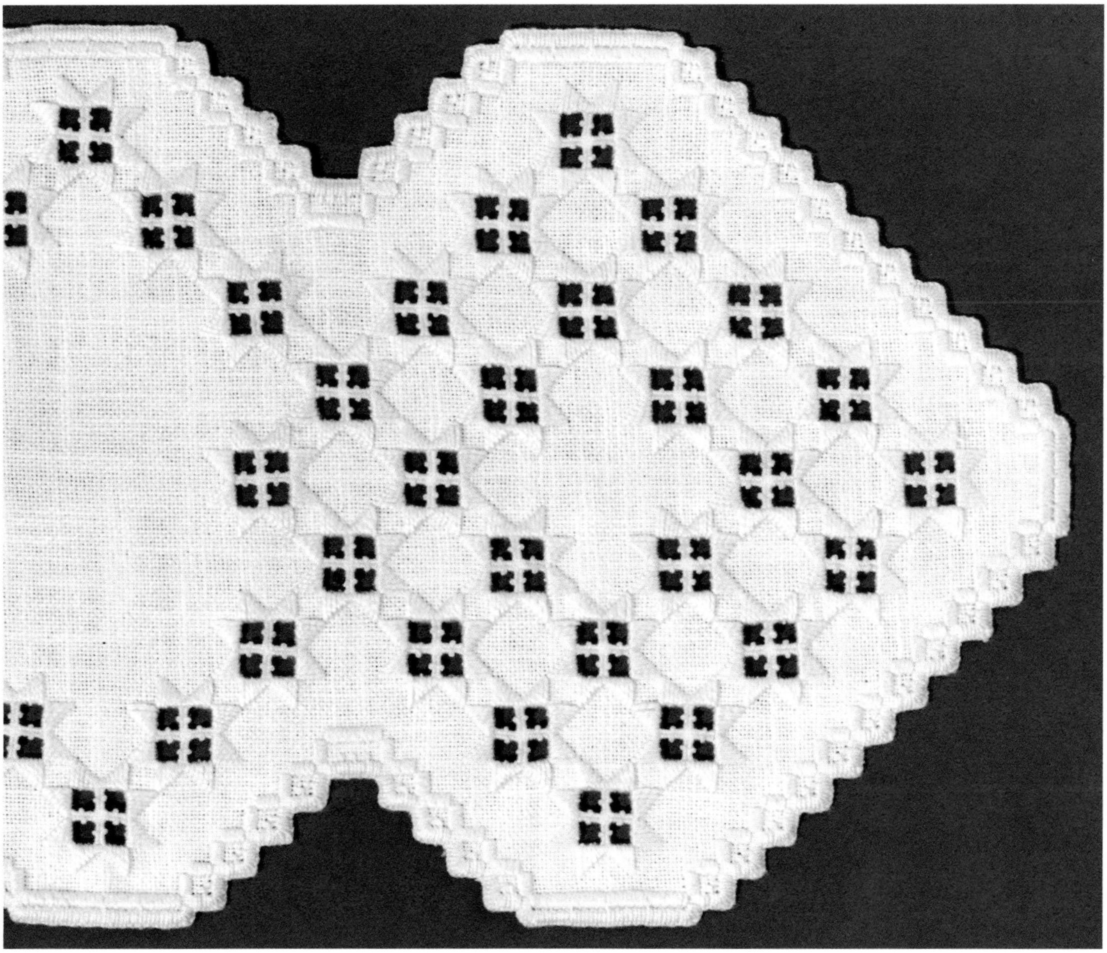

I
M

Braune Decke (Farbbild S. 53, links)

Größe: 76 x 76 cm einschließlich 2 cm Hohlsaum
Stoff: Mischgewebe 7 Fäden/cm (Tirol von Leibfried, Farbe 021 (mittelbraun), 170 cm breit)
Sticharten und Garn:
Plattstich, Garn Nr. 3
Stopfstege, Garn Nr. 5
Hohlsaum, Garn Nr. 8
Garnverbrauch: MEZ Perlgarn, Farbe 887 (messing)
30 Gramm Nr. 3, 50 Gramm Nr. 5

Brauner Läufer (Farbbild S. 53)

Größe: 77 cm lang, 23 cm breit
Stoff: Wie braune Decke, siehe oben
Sticharten und Garn:
Plattstich, Garn Nr. 3
Stopfstege im Zwölfertakt, Garn Nr. 5
Langettenrand, Garn Nr. 5
Sternstich, Garn Nr. 5
Garnverbrauch: MEZ Perlgarn, Farbe 887 (messing)
20 Gramm Nr. 3, 25 Gramm Nr. 5

Runde Decke (Farbbild S. 53, rechts)

Größe: 87 cm lang, 72 cm breit
Stoff: Mischgewebe 7,5 Fäden/cm (Ariosa von Zweigart und Sawitzki, Farbe 208 (senf), 140 und 180 cm breit)
Sticharten und Garn:
Plattstich, Garn Nr. 3
Langettenrand, Garn Nr. 5
Stopfstege, Garn Nr. 8
Malteserkreuze, Garn Nr. 8
Garnverbrauch: MEZ Perlgarn Farbe 391 (sand)
60 Gramm Nr. 3, 10 Gramm Nr. 5, 50 Gramm Nr. 8
Anmerkung: Zuerst die Malteserkreuze, danach die Stopfstege sticken.

Margeritenläufer (Farbbild S. 43)

Größe: 49 cm lang, 25 cm breit
Stoff: Wie Decke oben
Sticharten und Garn:
Plattstich, Garn Nr. 3
Langettenrand, Garn Nr. 5
Stopfstege, Garn Nr. 8
Spitze, Garn Nr. 8
Viertelmalteserkreuz, Garn Nr. 8
Garnverbrauch: MEZ Perlgarn Farbe 02 (weiß)
25 Gramm Nr. 3, 20 Gramm Nr. 8

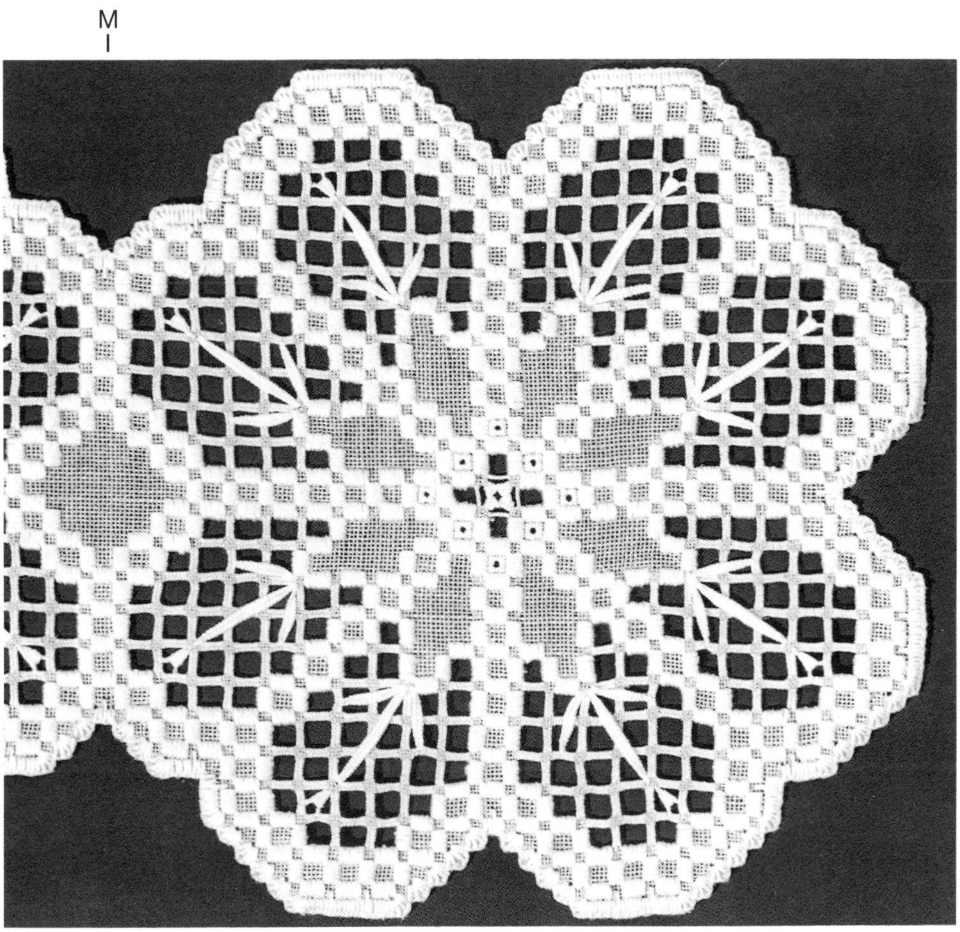

Margeritendecke (Farbbild S. 43)

Größe: 130 x 130 cm
Stoff: Mischgewebe 7,5 Faden/cm (Ariosa von Zweigart und Sawitzki, Farbe 226 (mais), 140 und 180 cm breit)
Sticharten und Garn:
Plattstich, Garn Nr. 3, Farbe 02 (weiß)
Langettenrand, Garn Nr. 5, Farbe 02 (weiß)
Pikotstege, Garn Nr. 8, Farbe 02 (weiß)
Viertelmalteserkreuze, Garn Nr. 8, Farbe 386 (eierschale)
Madeiraröschen, Garn Nr. 8, Farbe 386 (eierschale)
Garnverbrauch: MEZ Perlgarn
125 Gramm Nr. 3 weiß, 25 Gramm Nr. 5 weiß, 100 Gramm Nr. 8 weiß, 10 Gramm Nr. 8 eierschale
Anmerkung: Auf einer Seitenlänge sind fünf Motive gearbeitet, wobei ein Motiv 23,5 x 23,5 cm mißt.

Margeritendecke (Anleitung S. 42), Margeritenläufer (Anleitung S. 41)

Runde Herzdecke (Anleitung S. 22), Tablettdeckchen (Anleitung S. 23)

Läufer (links, Anleitung S. 24), Deckchen (Mitte, Anleitung S. 25), Tischband (rechts, Anleitung S. 25)

Läufer (Anleitung S. 26), Deckchen (Anleitung S. 27)

Herzendecke (Anleitung S. 28), Tablettdeckchen (Anleitung S. 29), Schlüsselanhänger (Anleitung S. 30), Schleife (Anleitung S. 30), Herzanhänger (Anleitung S. 31)

 | Läufer (Anleitung S. 32), Tablettdeckchen (Anleitung S. 32)

Tischband (Anleitung S. 33)

Decke (Anleitung S. 34), Kissen (Anleitung S. 34)

Kleiner Läufer (oben, Anleitung S. 35), Großer Läufer (Anleitung S. 35)

Brauner Spitzenläufer (Mitte, Anleitung S. 36), Ecrufarbener Läufer (links, Anleitung S. 37), Ecrufarbenes Deckchen (rechts, Anleitung S. 37)

Braune Decke (links, Anleitung S. 38), Brauner Läufer (Anleitung S. 39, Runde Decke (rechts, Anleitung S. 40)

Läufer aus Streifenleinen (links, Anleitung S. 72), Edelweißdecke (auf dem Tisch, Anleitung S. 73), Kissen (auf der Bank, Anleitung S. 74)

Rosa Edelweißdecke (auf Beistelltisch, Anleitung S. 75, Lampenschirm (Anleitung S. 76), Rosa Läufer (auf Buffett rechts, Anleitung S. 77), Kissen (vorne, Anleitung S. 78)

Liliendecke und Lilienläufer (Anleitung S. 79)

Läufer (Anleitung S. 80), Deckchen (Anleitung S. 81)

Blaue Decke (Anleitung S. 83), Kissen (Anleitung S. 84), Gardinen (Anleitung S. 82)

Tafeldecke (Anleitung S. 85)

Läufer (Anleitung S. 86), Untersetzer (Anleitung S. 86)

Weißes Tischband mit grüner Webkante (links, Anleitung S. 87), Naturrohe Leinenschleife rot bestickt (Anleitung S. 88), Rote Leinenschleife (Anleitung S. 89), Weißes Tischband mit blauer Webkante (Anleitung S. 90), Naturrohe Leinenschleife weiß bestickt (Anleitung S. 91)

 | Tischband (Anleitung S. 92), Läufer (Anleitung S. 93)

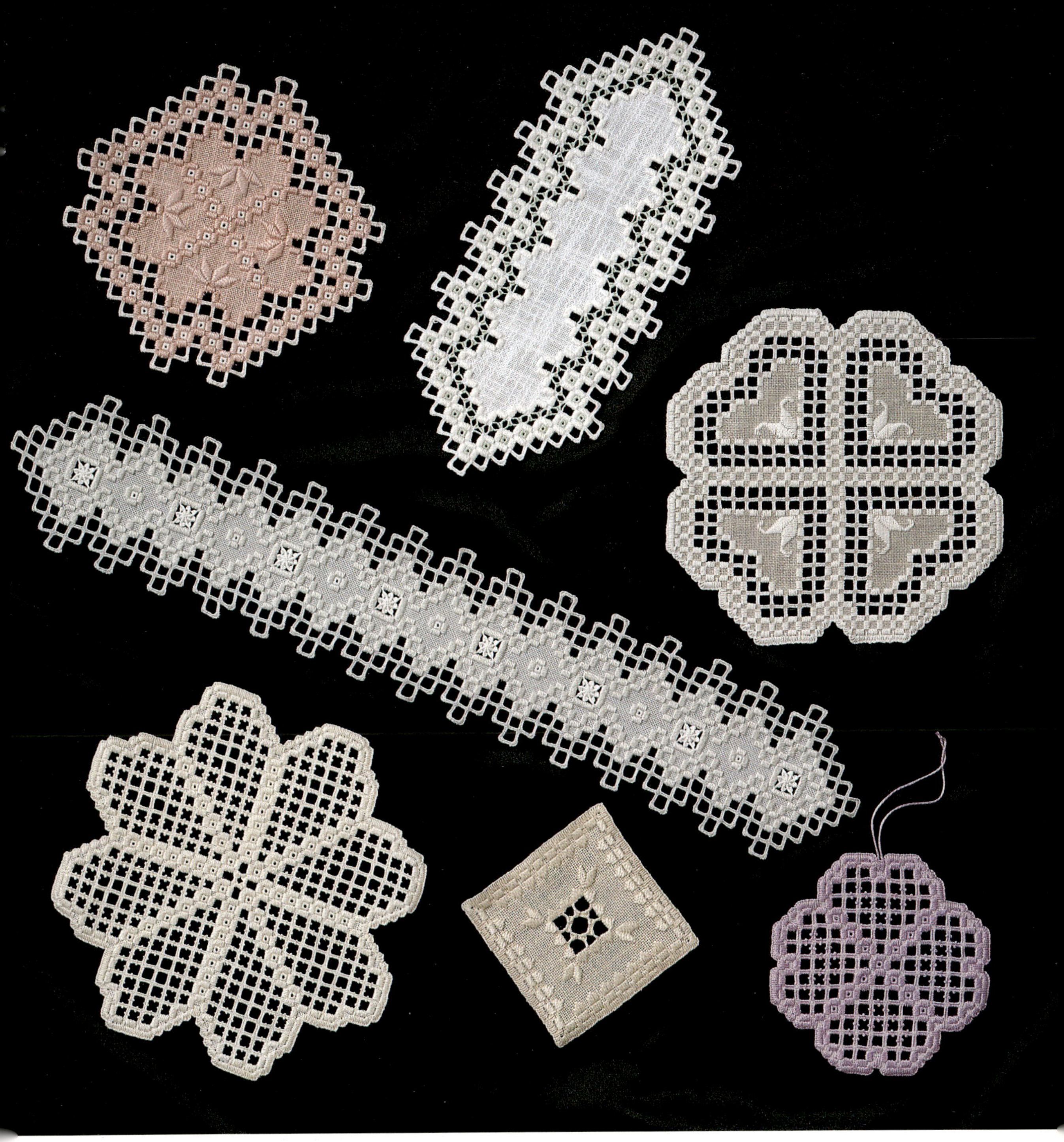

Margerite (unten links, Anleitung S. 94), Deckchen (unten Mitte, Anleitung S. 95), Lila Deckchen (unten rechts, Anleitung S. 96), Edelweißläufer (Mitte, Anleitung S. 97), Rosa Deckchen (oben links, Anleitung S. 95), Herzdeckchen (oben rechts, Anleitung S. 96)

Filigranes Deckchen (Anleitung S. 98), Decke (rechts, Anleitung S. 99)

Decke (Anleitung S. 100), Tablettdeckchen (Anleitung S. 101)

Weiße Decke (Anleitung S. 102), Roter Stern (auf weißer Decke, Anleitung S. 103)

Rote Decke (Anleitung S. 104), Roter Weihnachtsstern (Deckchen in der Schale, Anleitung S. 105)

Braune Streifendecke (Anleitung S. 106), Blaue Streifendecke (rechts, Anleitung S. 107), Blaue Streifendecke (links, Anleitung S. 108)

Schachbrettdecke (Anleitung S. 109)

Tafeldecke (Anleitung S. 110), Mitteldeckchen (Anleitung S. 110)

Läufer (Anleitung S. 111), Schmale Gardine (Anleitung S. 112),
Breite Gardine (Anleitung S. 113)

Läufer aus Streifenleinen (Farbbild S. 54/55, links)

Größe: 150 cm lang, 92 cm breit einschließlich Hohlsaumkante von 2 cm Breite
Stoff: Bündner Streifenleinen mit rosa und graublauen, eingewebten Streifen (Sänger-Leinen, 164/5/Hessen-Leinen), 10 Fäden/cm
Sticharten und Garn:
Plattstich, Garn Nr. 5 Malteserkreuze, Garn Nr. 5
Spannstich, Garn Nr. 5 Rückstich, Garn Nr. 5
Garnverbrauch: MEZ Perlgarn Farbe 26 (rosa)
50 Gramm Nr. 5
Anmerkung: Das Motiv ist mit einem Abstand von 10 cm 5 x gestickt.

Edelweißdecke (auf dem Tisch, Farbbild S. 54/55)

Größe: 75 x 75 cm
Stoff: Mischgewebe 7 Fäden/cm (Tirol von Leibfried, Farbe 08 (ecru), 140 und 170 cm breit)
Sticharten und Garn:

Plattstich, Garn Nr. 3	Langettenrand, Garn Nr. 5
Edelweiß, Garn Nr. 5	Madeiraröschen, Garn Nr. 8

Garnverbrauch: MEZ Perlgarn Farbe 926 (elfenbein)
50 Gramm Nr. 3, 50 Gramm Nr. 5, 10 Gramm Nr. 8
Anmerkung: Die Decke ist in den Ausmaßen veränderbar.

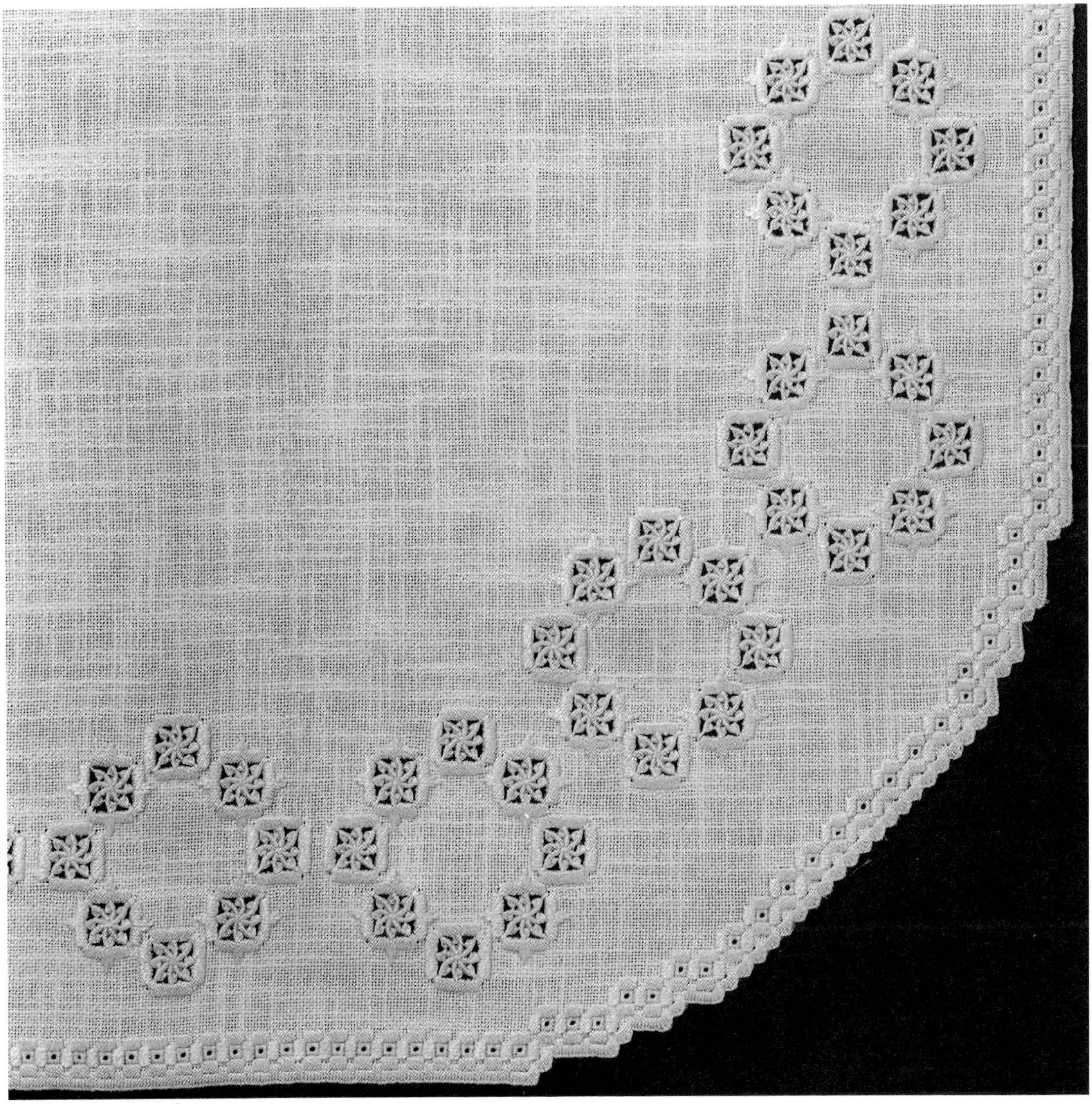

Kissen (auf der Bank, Farbbild S. 54/55)

Größe: 45 x 45 cm
Stoff: Mischgewebe 7,5 Fäden/cm (Ariosa von Zweigart und Sawitzki, Farbe 99 (creme), 140 cm breit)
Sticharten und Garn:
Plattstich, Garn Nr. 3
Stopfstege, Garn Nr. 8
Viertelstern, Garn Nr. 8
Malteserkreuze, Garn Nr. 8
Garnverbrauch: MEZ Perlgarn Farbe 387 (creme)
25 Gramm Nr. 3, 5 Gramm Nr. 5, 10 Gramm Nr. 8
Anmerkung: In den Dreiecken zunächst die Malteserkreuze arbeiten und danach die Stopfstege.

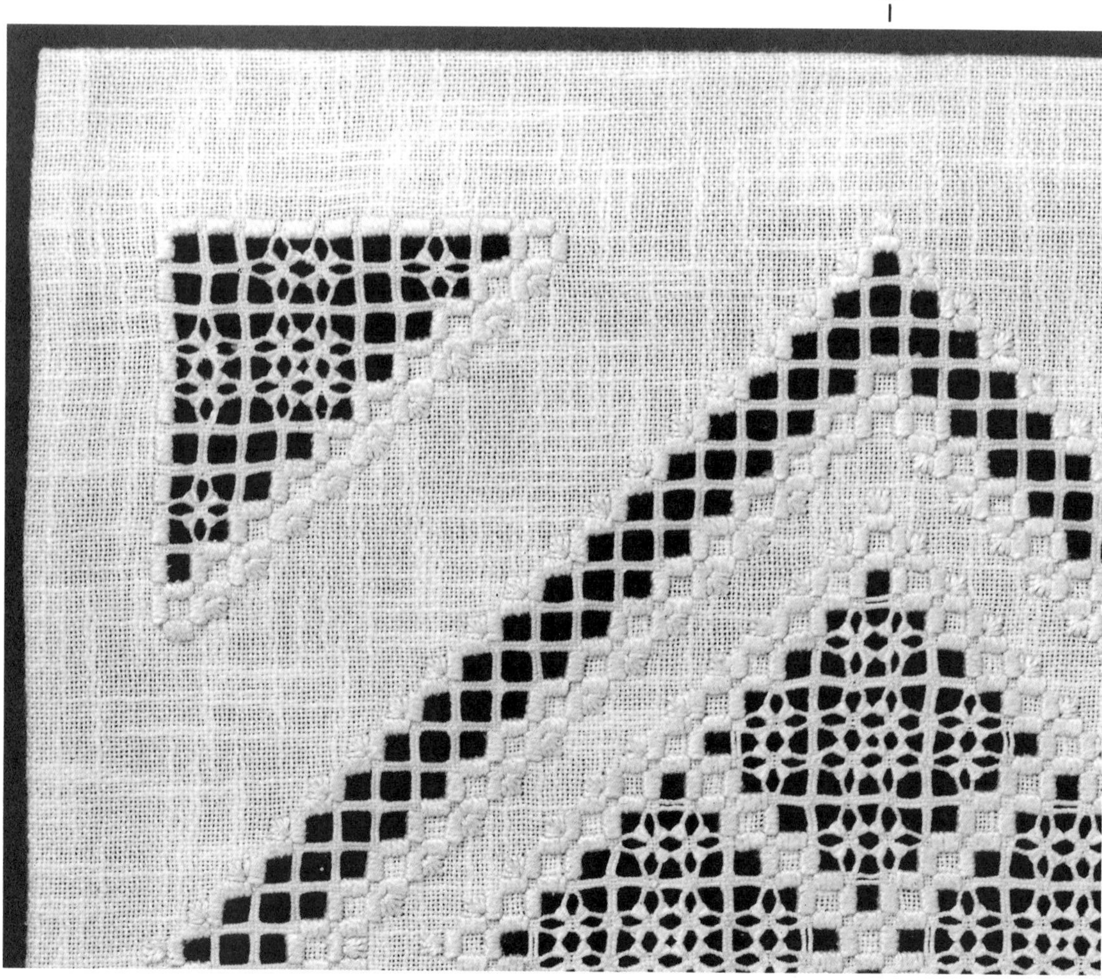

Rosa Edelweißdecke (auf Beistelltisch, Farbbild S. 54/55)

Größe: 59 x 59 cm einschließlich einer Hohlsaumkante von 2 cm Breite
Stoff: Mischgewebe 7,5 Fäden/cm (Ariosa von Zweigart und Sawitzki, Farbe 417 (rosé), 140 cm breit)
Sticharten und Garn:
Plattstich, Garn Nr. 3
Edelweiß, Garn Nr. 8
Hohlsaum, Garn Nr. 8
Garnverbrauch: MEZ Perlgarn Farbe 968 (opal)
50 Gramm Nr. 3, 20 Gramm Nr. 8

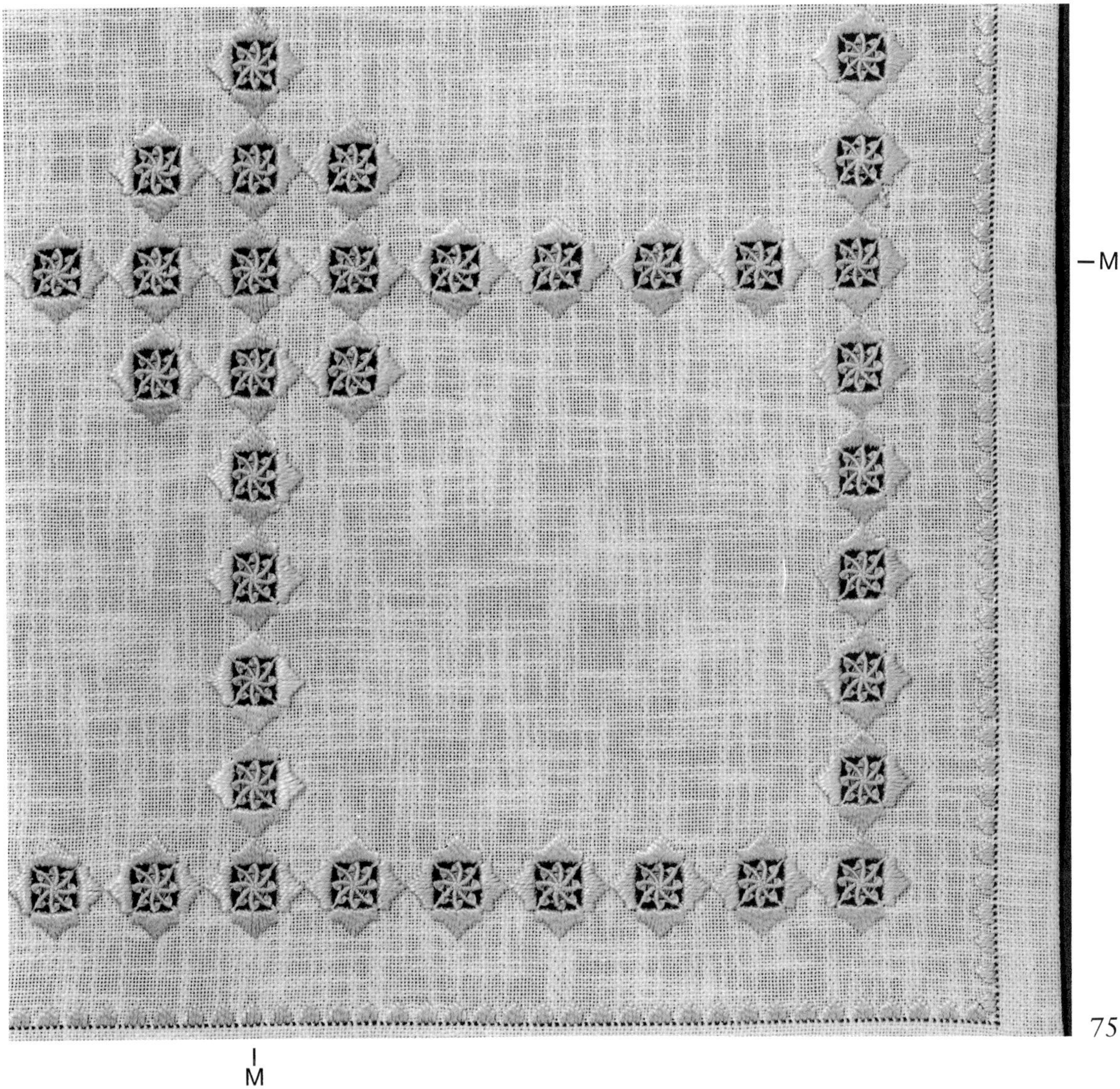

Lampenschirm (Farbbild S. 54/55)

Größe: 97 cm lang, 42 cm breit
Stoff: Halbleinen, 9 Fäden/cm (Sänger Halbleinen, Farbe 1311/52 (rosé), 160 cm breit)
Sticharten und Garn:
Plattstich, Garn Nr. 5
Stopfstege, Garn Nr. 8
Malteserkreuze, Garn Nr. 8
Garnverbrauch: MEZ Perlgarn, Farbe 968 (opal)
50 Gramm Nr. 5, 30 Gramm Nr. 8
Anmerkung: Siehe Seite 7.

Rosa Läufer (Buffett rechts, Farbbild S. 54/55)

Größe: 69 cm lang, 36 cm breit
Stoff: Mischgewebe 7 Fäden/cm (Tirol von Leibfried, Farbe 01 (natur), 140 und 170 cm breit)
Sticharten und Garn:
Plattstich, Garn Nr. 3
Kleeblattstich, Garn Nr. 3
Stopfstege, Garn Nr. 5
Madeiraröschen, Garn Nr. 8
Pikotstege, Garn Nr. 5
Stopfstege mit Schlingenstich, Garn Nr. 5
Spitzenrand, Garn Nr. 5
Garnverbrauch: MEZ Perlgarn Farbe 968 (opal)
50 Gramm Nr. 3, 30 Gramm Nr. 5, 10 Gramm Nr. 8
Anmerkung: Der Läufer läßt sich in den Ausmaßen beliebig verändern.

–M

Kissen (vorne, rosa bestickt, Farbbild S. 54/55)

Größe: 39 x 39 cm, Motivgröße 30 x 30 cm. Stoff für die Kissenrückseite nicht vergessen!
Stoff: Mischgewebe 7 Fäden/cm (Tirol von Leibfried, Farbe 01 (natur) 140 und 170 cm breit)
Sticharten und Garn:
Plattstich, Garn Nr. 3
Stopfstege, Garn Nr. 5
Pikotstege, Garn Nr. 5
Stopfstege mit Schlingenstich, Garn Nr. 5
Madeiraröschen, Garn Nr. 8
Garnverbrauch: MEZ Perlgarn Farbe 968 (opal)
25 Gramm Nr. 3, 10 Gramm Nr. 5, 10 Gramm Nr. 8

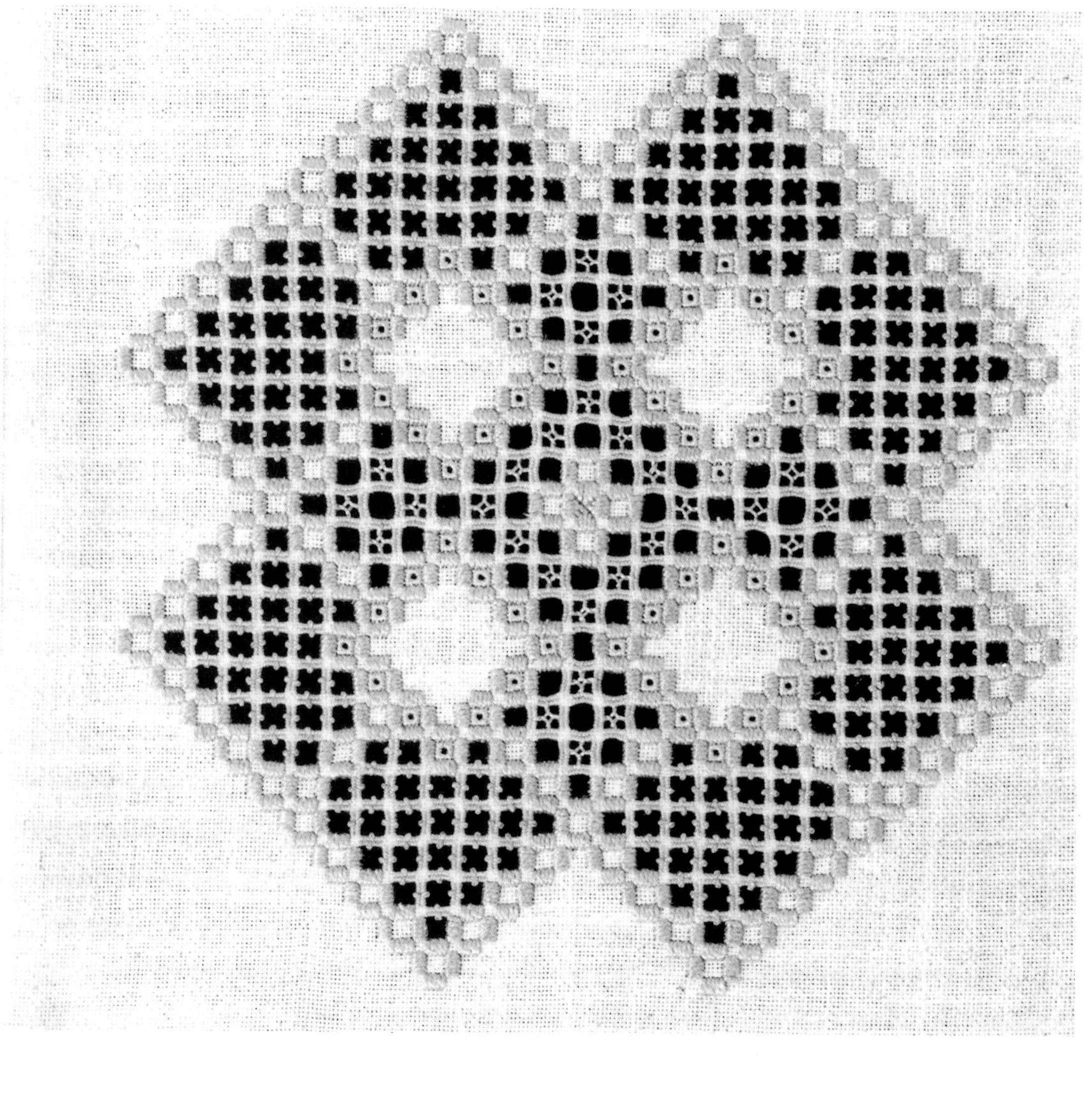

Lilienläufer (Farbbild S. 56)

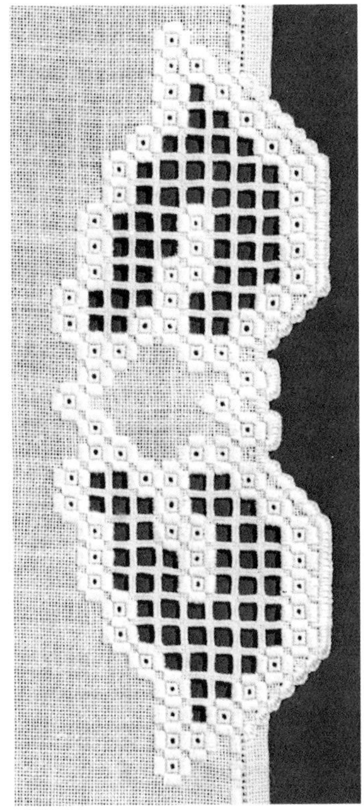

Größe: 53 cm breit einschließlich 1 cm Hohlsaumkante, 135 cm lang
Stoff: Reines Leinen 7,5 Fäden/cm (Cork von Zweigart und Sawitzki, Farbe 222 (creme), 140 cm breit)
Sticharten und Garn:
Plattstich, Garn Nr. 3
Stopfstege, Garn Nr. 5
Pikotstege, Garn Nr. 5
Langettenrand, Garn Nr. 5
Madeiraröschen, Garn Nr. 8
Hohlsaum, Garn Nr. 8
Garnverbrauch: MEZ Perlgarn Farbe 387 (creme)
35 Gramm Nr. 3, 25 Gramm Nr. 5, 10 Gramm Nr. 8

Liliendecke (Farbbild S. 56 vorne)

Größe: 68 x 68 cm. Die Decke ist im schrägen Fadenlauf gearbeitet, der Stoffzuschnitt beträgt 100 x 100 cm.
Stoff: Reines Leinen 7,5 Fäden/cm (Cork von Zweigart und Sawitzki, Farbe 101 (naturweiß), 140 cm breit
Sticharten und Garn:
Plattstich, Garn Nr. 3
Pikotstege, Garn Nr. 5
Stopfstege, Garn Nr. 5
Langettenrand, Garn Nr. 5
Madeiraröschen, Garn Nr. 8
Garnverbrauch: MEZ Perlgarn Farbe 926 (elfenbein)
60 Gramm Nr. 3, 50 Gramm Nr. 5, 10 Gramm Nr. 8

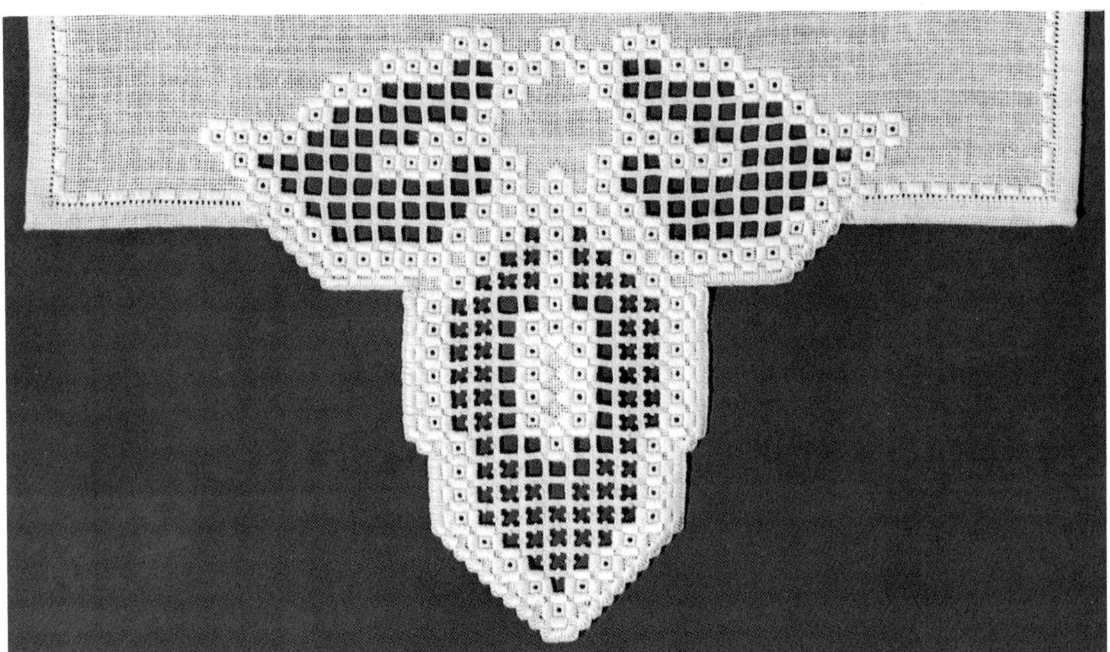

Läufer (Farbbild S. 57)

Größe: 110 cm lang, 43 cm breit
Stoff: Mischgewebe 7 Fäden/cm (Rügen von Leibfried, Farbe 620 (rosé), 170 cm breit)
Sticharten und Garn:
Plattstich, Garn Nr. 3
Stopfstege, Garn Nr. 8
Malteserkreuze, Garn Nr. 8
Spitzenrand, Garn Nr. 8
Garnverbrauch: MEZ Perlgarn Farbe 968 (opal)
25 Gramm Nr. 3, 60 Gramm Nr. 8

Was man mit seinen Jahren macht,
ist nicht so wichtig,
als was man mit den Stunden
seines Lebens treibt.

Deckchen (in der Schale, Farbbild S. 57)

Größe: 35 x 35 cm. Das Deckchen ist im schrägen Fadenlauf gearbeitet, der Stoffzuschnitt beträgt deshalb 60 x 60 cm.
Stoff: Reine Baumwolle 7,1 Fäden/cm (Davosa von Zweigart und Sawitzki, Farbe 411 (rosé))
Sticharten und Garn:
Plattstich, Garn Nr. 3
Stopfstege, Garn Nr. 8
Malteserkreuze, Garn Nr. 8
Spitzenrand, Garn Nr. 8
Garnverbrauch: MEZ Perlgarn Farbe 968 (opal)
15 Gramm Nr. 3, 30 Gramm Nr. 8

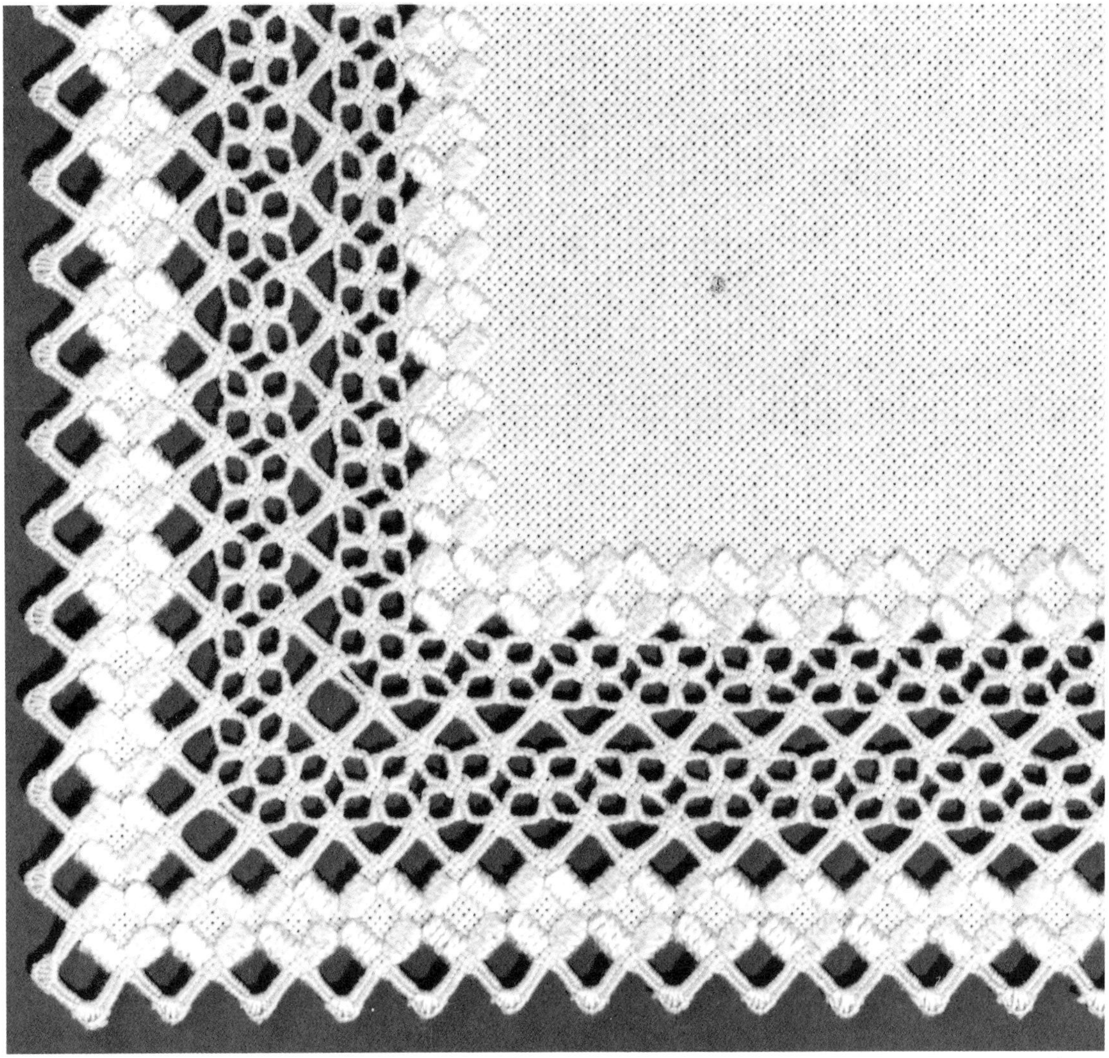

M

Gardinen (Farbbild S. 58)

Größe: Jede Gardine ist 152 cm lang, 76 cm breit.
Stoff: Mischgewebe 7 Fäden/cm (Tirol von Leibfried, Farbe 01 (natur), 140 und 170 cm breit)
Sticharten und Garn:
Plattstich als Stern gearbeitet, Garn Nr. 3
Pikotstege, Garn Nr. 5
Hohlsaum, Garn Nr. 8
Garnverbrauch: MEZ Perlgarn, Farbe 126 (königsblau)
150 Gramm Nr. 3, 50 Gramm Nr. 5, 10 Gramm Nr. 8
Anmerkung: Die Gardinen können beliebig in den Ausmaßen verändert werden. Sie werden gegengleich gearbeitet. Die Hohlsaumkante ist 3 cm breit. Der Abstand zwischen Hohlsaum und Motiv beträgt ca. 6 cm.

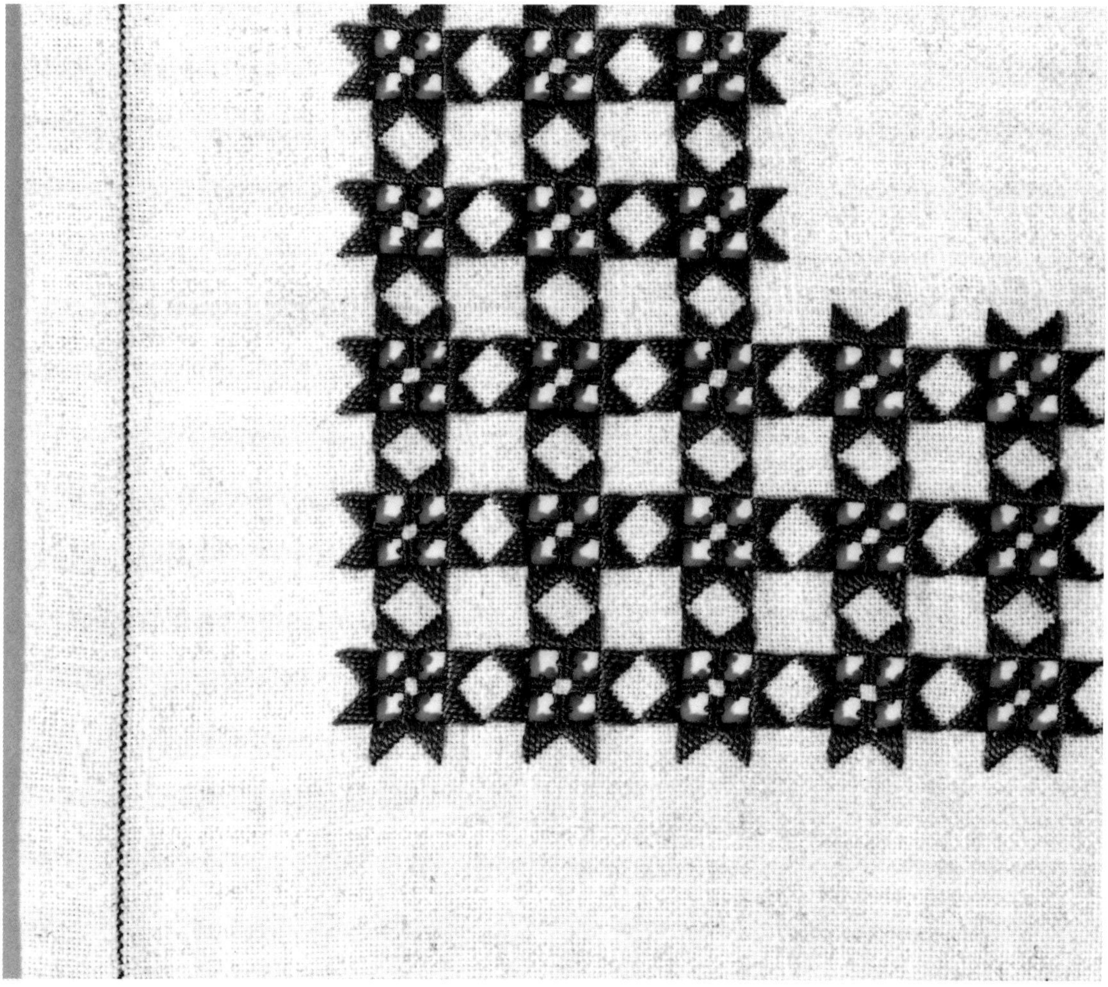

Blaue Decke (Farbbild S. 58)

Größe: 70 x 70 cm einschließlich 2 cm Hohlsaum
Stoff: Reine Baumwolle 7,1 Fäden/cm (Davosa von Zweigart und Sawitzki, Farbe 533 (dunkelblau), 140 cm breit)
Sticharten und Garn:
Plattstich, Garn Nr. 3
Stopfstege, Garn Nr. 8
Madeiraröschen, Garn Nr. 8
Hohlsaum, Garn Nr. 8 Farbe 126 (königsblau)
Garnverbrauch: MEZ Perlgarn Farbe 02 (weiß) 50 Gramm Nr. 3, 20 Gramm Nr. 8

Tafeldecke (Farbbild S. 59)

Größe: 180 cm lang, 130 cm breit, einschließlich 3 cm Hohlsaum
Stoff: Reine Baumwolle 7,1 Fäden/cm (Davosa von Zweigart und Sawitzki, Farbe 533 (dunkelblau), 140 cm breit)
Sticharten und Garn:
Plattstich, Garn Nr. 3
Stopfstege, Garn Nr. 5
Hohlsaum, Garn Nr. 8
Monogramm Kreuzstich über zwei Fäden, Garn Nr. 5
Garnverbrauch: MEZ Perlgarn Farbe 02 (weiß)
150 Gramm Nr. 3, 50 Gramm Nr. 5, 10 Gramm Nr. 8
Anmerkung: Die Decke ist in den Ausmaßen beliebig veränderbar.

Kissen (Farbbild S. 58)

Größe: 45 x 45 cm, hinzu kommt noch Stoff für den Saum und die Rückseite der Kissenhülle
Stoff: Reines Leinen 6 Fäden/cm (Vieböck-Leinen Nr. 240, Farbe weiß, 40 und 150 cm breit
Sticharten und Garn:
Plattstich, Garn Nr. 3, Farbe 126 (königsblau)
Madeiraröschen, Garn Nr. 8, Farbe 126 (königsblau)
Stopfstege, Garn Nr. 5, Farbe 02 (weiß)
Garnverbrauch: MEZ Perlgarn Farbe 02 (weiß) und 126 (königsblau)
30 Gramm Nr. 3 königsblau, 10 Gramm Nr. 8 königsblau,
50 Gramm Nr. 5 weiß

M–

M

Untersetzer (Farbbild S. 60)

Größe: 8 cm Durchmesser
Stoff: Wie Läufer, siehe oben
Sticharten und Garn:
Plattstich, Garn Nr. 3
Langettenrand, Garn Nr. 5
Garnverbrauch: MEZ Perlgarn, Farbe 47 (kirschrot) 10 Gramm Nr. 3, 5 Gramm Nr. 5

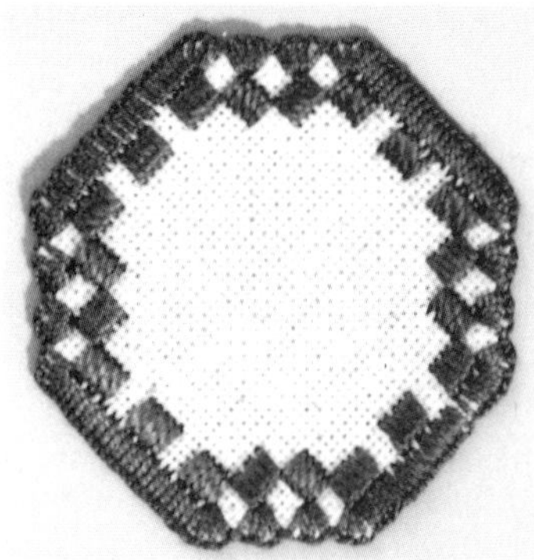

Läufer (Farbbild S. 60)

Größe: 125 cm lang, 40 cm breit, einschließlich 2 cm Hohlsaum
Stoff: Flockenbast 7,1 Fäden/cm (Zweigart und Sawitzki, Farbe 53 (natur), 140 und 170 cm breit)
Sticharten und Garn:
Plattstich, Garn Nr. 3
Stopf- und Pikotstege, Garn Nr. 5
Hohlsaum, Garn Nr. 8
Garnverbrauch: MEZ Perlgarn Farbe 47 (kirschrot) 50 Gramm Nr. 3, 40 Gramm Nr. 5
Anmerkung: Das Modell ist in Länge und Breite beliebig veränderbar. Der Läufer hat in der Länge sechs Motive und in der Breite zwei Motive, wobei ein Motiv 20 cm breit ist.

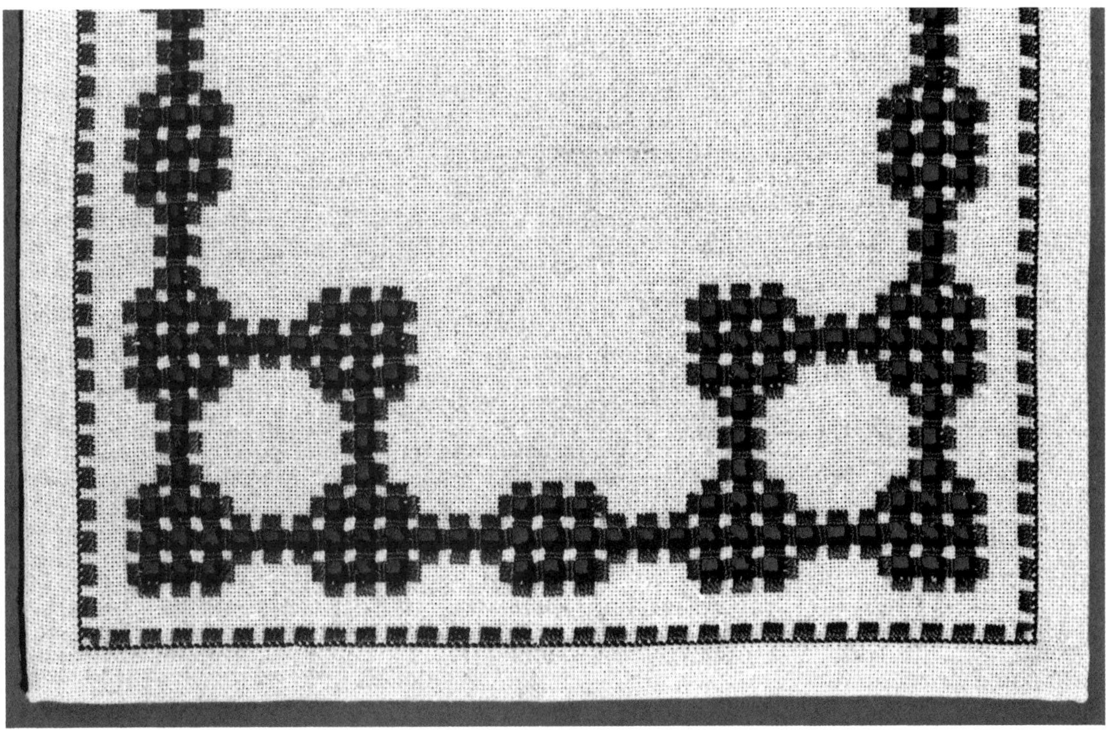

Weißes Tischband (Farbbild S. 61, links)

Größe: 20 cm breit, 160 cm lang
Stoff: Leinenband weiß mit grüner Webkante (Farbe & Form, Leinenband mit Randfarbe 760)
Sticharten und Garn:
Plattstich, Garn Nr. 5. Stopfstege, Garn Nr. 8, Langettenrand, Garn Nr. 8
Madeiraröschen, Uhlenhof HD Garn, Farbe 760 (graugrün)
Garnverbrauch: MEZ Perlgarn 02 (weiß)
25 Gramm Nr. 5, 20 Gramm Nr. 8, 5 Gramm Uhlenhof Garn
Anmerkung: Das Tischband wird von der Stoffmitte nach außen bestickt. Die Herzmotive sind in einem Abstand von 7 cm gearbeitet.

M

Naturrohe Leinenschleife

(rot bestickt, Farbbild, S. 61)

Größe: 7 cm breit, 160 cm lang
Stoff: Leinenband naturroh mit roter Webkante (Vaupel & Heilenbeck)
Sticharten und Garn:
Plattstich, Garn Nr. 5
Stopfstege, Garn Nr. 8
Pikotstege, Garn Nr. 8
Garnverbrauch: MEZ Perlgarn Farbe 47 (kirschrot) 10 Gramm Nr. 5, 10 Gramm Nr. 8

Die Phantasie ist ein ewiger Frühling.

Rote Schleife (Farbbild S. 61)

Größe: 10 cm breit, 180 cm lang
Stoff: Rotes Leinenband mit roter Webkante (Farbe & Form)
Sticharten und Garn:
Plattstich, MEZ Perlgarn, Nr. 5, Farbe 02 (weiß)
Sterne im Plattstich, Uhlenhof HD Garn, Farbe 760 (graugrün)
Stopfstege, Uhlenhof HD Garn, Farbe 710 (rot)
Madeiraröschen und eingezogener Spannstich aus Goldfaden
Garnverbrauch:
5 Gramm MEZ Nr. 5, 5 Gramm Uhlenhof graugrün, 5 Gramm Uhlenhof rot, 1 Röllchen Goldfaden
Anmerkung: Der Abstand zwischen den Durchbruchmotiven beträgt 9 cm.

Weißes Tischband

(mit dunkelblauer Webkante, Farbbild S. 61)

Größe: 10 cm breit, 180 cm lang
Stoff: Leinenband mit dunkelblauer Webkante (Vaupel & Heilenbeck)
Sticharten und Garn:
Plattstich, Garn Nr. 5
Schlingstich, Garn Nr. 8
Stopfstege mit eingezogenem Hilfsfaden, Garn Nr. 8
Viertelsterne, Garn Nr. 8
Garnverbrauch: MEZ Perlgarn Farbe 02 (weiß)
10 Gramm Nr. 5, 10 Gramm Nr. 8
Anmerkung: Das Tischband wird von der Mitte aus in beide Richtungen bestickt, wobei der Abstand zwischen den Motiven 4 cm beträgt.

M

Naturrohe Leinenschleife

(Farbbild S. 61, weiß bestickt)

Größe: 9 cm breit, 170 cm lang
Stoff: Leinenband mit weißer Webkante (Farbe & Form)
Sticharten und Garn:
Plattstich, Garn Nr. 5
Stopfstege, Garn Nr. 8
Pikotstege, Garn Nr. 8
Garnverbrauch: MEZ Perlgarn Farbe 02 (weiß) 5 Gramm Nr. 5, 10 Gramm Nr. 8
Anmerkung: Die Schleifenenden werden zu einer Spitze gearbeitet. Dafür wird der Stoff auf der linken Seite 1 cm umgeschlagen und dann von der Mitte aus zu einer Spitze gefaltet und mit Textilkleber befestigt.

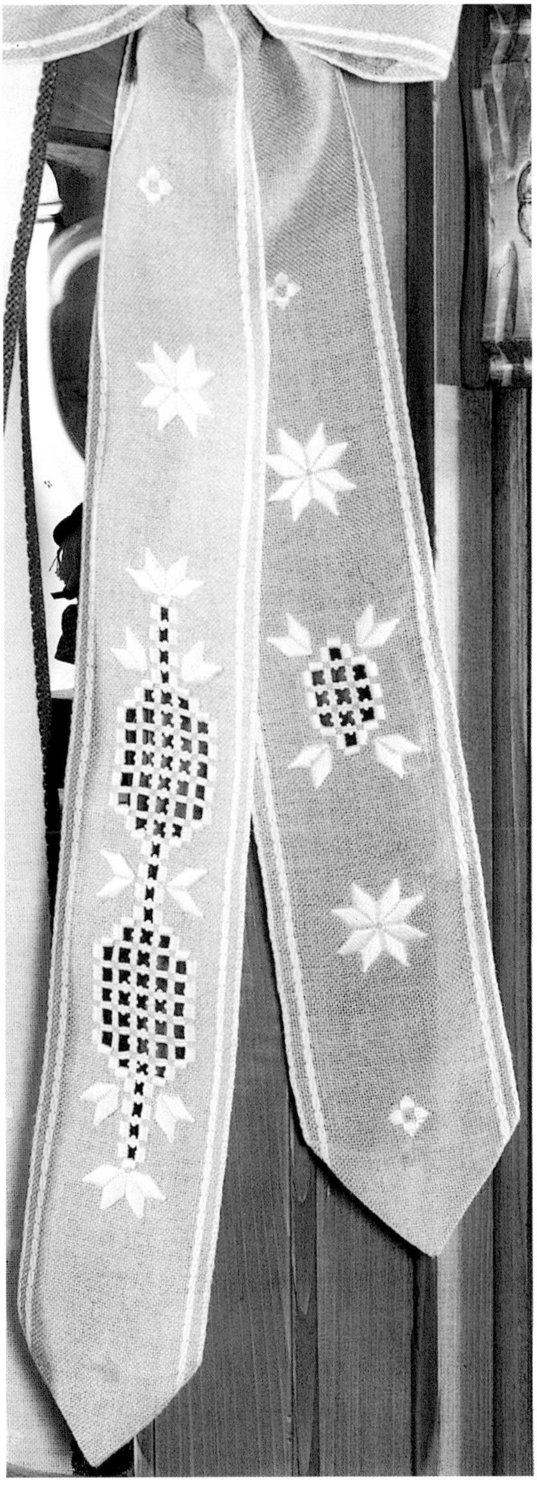

Tischband (Farbbild S. 62)

Größe: 134 cm lang, 18 cm breit
Stoff: Mischgewebe 7,5 Fäden/cm (Ariosa von Zweigart und Sawitzki, Farbe Nr. 237 (hellgelb), 140 und 180 cm breit)
Sticharten und Garn:
Plattstich, Garn Nr. 3
Langettenrand mit Pikotstegen, Garn Nr. 5
Pikotstege, Garn Nr. 8
Madeiraröschen, Garn Nr. 8
Malteserkreuze, Garn Nr. 8
Garnverbrauch: MEZ Perlgarn Farbe 386 (eierschale) 25 Gramm Nr. 3, 15 Gramm Nr. 5, 10 Gramm Nr. 8
Anmerkung: Das Tischband ist in der Länge veränderbar.

Läufer (Farbbild S. 62)

Größe: 71 cm lang, 38 cm breit
Stoff: Wie oben Tischband
Sticharten und Garn:
Plattstich, Garn Nr. 3
Langettenrand, Garn Nr. 5
Pikotstege, Garn Nr. 8
Malteserkreuze, Garn Nr. 8
Madeiraröschen, Garn Nr. 8
Garnverbrauch: MEZ Perlgarn Farbe 386 (eierschale)
40 Gramm Nr. 3, 10 Gramm Nr. 5, 20 Gramm Nr. 8
Anmerkung: Der Läufer hat in der Länge acht Motive und ist in den Ausmaßen beliebig veränderbar.

Margerite (Farbbild S. 63, unten links)

Größe: 26 x 26 cm
Stoff: Reines Leinen 7,5 Fäden/cm (Cork von Zweigart und Sawitzki, Farbe 222 (creme), 140 cm breit)
Sticharten und Garn:

Plattstich, Garn Nr. 3	Langettenrand, Garn Nr. 5
Stopfstege, Garn Nr. 5	Madeiraröschen, Garn Nr. 8
Pikotstege, Garn Nr. 5	Viertelmalteser, Garn Nr. 8

Garnverbrauch: MEZ Perlgarn Farbe 926 (elfenbein)
10 Gramm Nr. 3, 10 Gramm Nr. 5, 10 Gramm Nr. 8

Deckchen (Farbbild S. 63, unten Mitte)

Größe: 13 x 13 cm
Stoff: Reines Leinen 7 Fäden/cm (Vieböck-Leinen Nr. 240, Farbe natur, 40, 150 und 180 cm breit)
Sticharten und Garn:
Plattstich, Garn Nr. 3
Heckenrose, Garn Nr. 5
Langettenrand, Garn Nr. 5
Garnverbrauch: MEZ Perlgarn Farbe 387 (creme) 5 Gramm Nr. 3, 5 Gramm Nr. 5

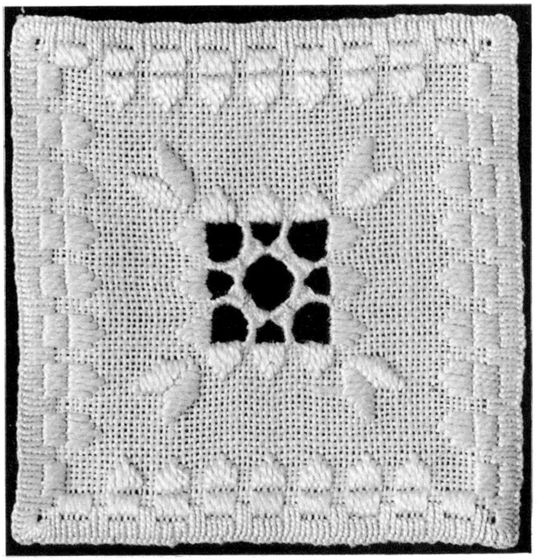

Rosa Deckchen (Farbbild S. 63, oben links)

Größe: 23 x 23 cm
Stoff: Mischgewebe 7,5 Fäden/cm (Ariosa von Zweigart und Sawitzki, Farbe 417 (rosé), 140 cm breit)
Sticharten und Garn:
Plattstich, Garn Nr. 3 Farbe 968 (opal)
Stopfstege, Garn Nr. 8 Farbe 02 (weiß)
Spitzenrand, Garn Nr. 8 Farbe 02 (weiß)
Madeiraröschen, Garn Nr. 8 Farbe 02 (weiß)
Garnverbrauch: MEZ Perlgarn 10 Gramm Nr. 3 opal, 10 Gramm Nr. 8 weiß

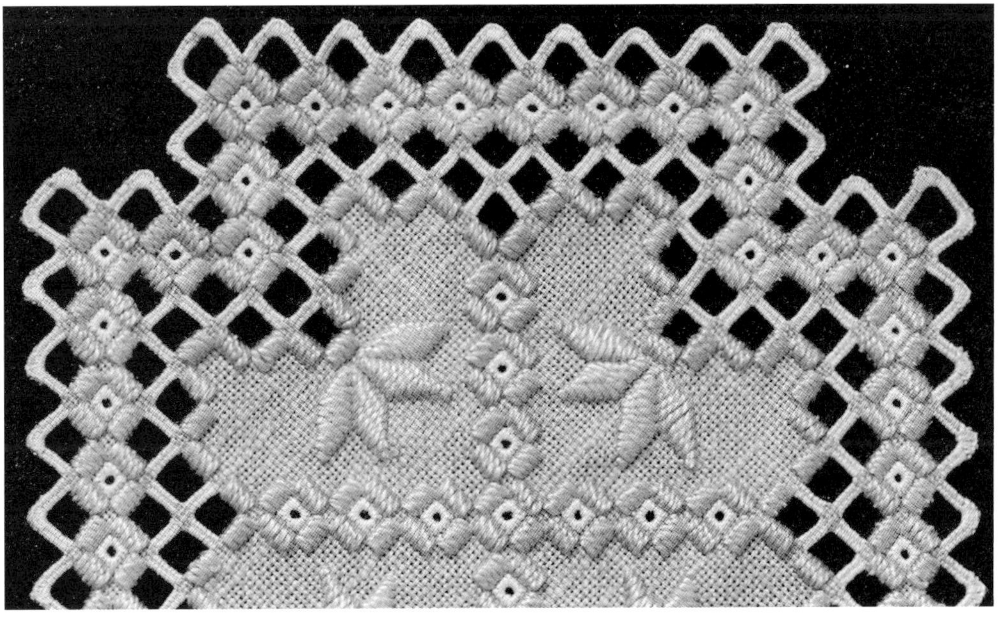

Lila Deckchen

(Farbbild S. 63, unten rechts)
Größe: 16 x 16 cm
Stoff: Mischgewebe 7,5 Fäden/cm (Ariosa von Zweigart und Sawitzki, Farbe 559 (flieder), 140 cm breit)
Sticharten und Garn:
Plattstich, Garn Nr. 3
Stopfstege, Garn Nr. 5
Pikotstege, Garn Nr. 5
Langettenrand, Garn Nr. 5
Madeiraröschen, Garn Nr. 8
Garnverbrauch: MEZ Perlgarn Farbe 108 (flieder) 5 Gramm Nr. 3, 5 Gramm Nr. 5, 10 Gramm Nr. 8

Herzdeckchen

(Farbbild S. 63, oben rechts)
Größe: 25 x 25 cm
Stoff: Teeleinen 8 Fäden/cm (Sänger-Leinen, Art. 1301/23, grau, 180 cm breit)
Sticharten und Garn:
Plattstich, Garn Nr. 5
Langettenrand, Garn Nr. 8
Stopfstege, Garn Nr. 8
Garnverbrauch: MEZ Perlgarn Farbe 02 (weiß) 10 Gramm Nr. 5, 10 Gramm Nr. 8

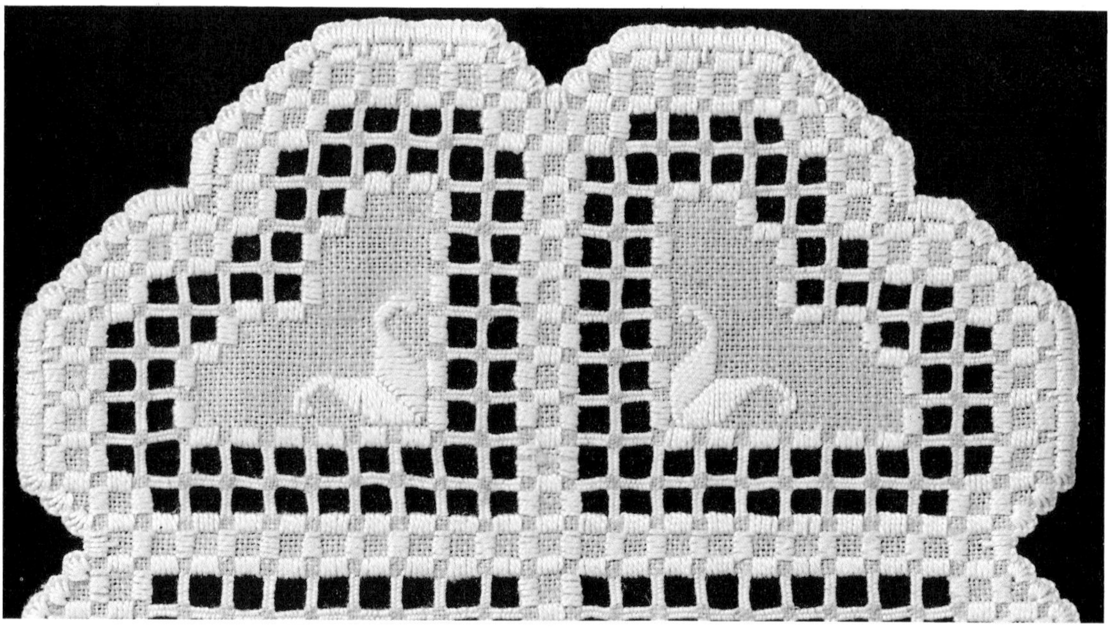

Kleiner Spitzenläufer
(Farbbild S. 63, Mitte oben)

Größe: 36 cm lang, 16 cm breit
Stoff: Mischgewebe 7,5 Fäden/cm (Ariosa von Zweigart und Sawitzki, Farbe 100 (weiß), 140 und 180 cm breit)
Sticharten und Garn:
Plattstich, Garn Nr. 3 Farbe 02 (weiß)
Spitzenrand, Garn Nr. 8 Farbe 02 (weiß)
Viertelmalteser, Garn Nr. 8 Farbe 213 (pastellgrün)
Madeiraröschen, Garn Nr. 8 Farbe 213 (pastellgrün)
Garnverbrauch: MEZ Perlgarn
5 Gramm Nr. 3, 10 Gramm Nr. 8 weiß,
10 Gramm Nr. 8 pastellgrün

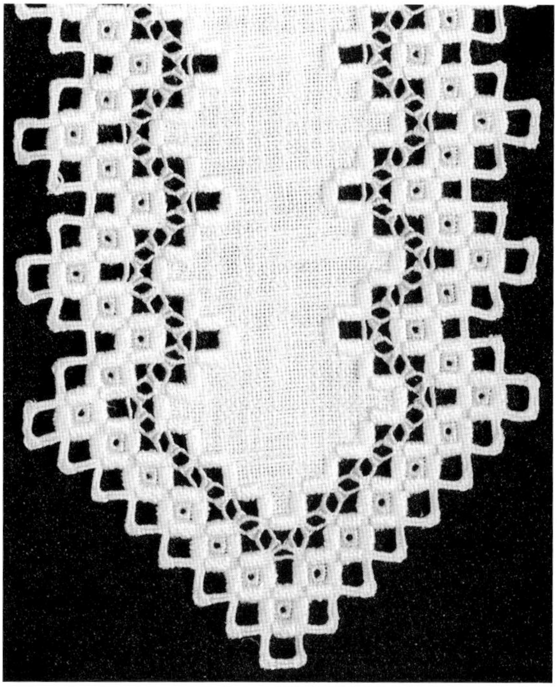

Edelweißläufer (Farbbild S. 63, Mitte)

Größe: 67 cm lang, 12 cm breit
Stoff: Reine Baumwolle 7,1 Fäden/cm (Davosa von Zweigart und Sawitzki, Farbe 708 (hellgrau), 140 cm breit)
Sticharten und Garn:
Plattstiche, Garn Nr. 3 Farbe 397 (perlgrau)
Stopfstege, Garn Nr. 8 Farbe 397 (perlgrau)
Edelweiß, Garn Nr. 8 Farbe 02 (weiß)
Madeiraröschen, Garn Nr. 8 Farbe 02 (weiß)
Garnverbrauch: MEZ Perlgarn
10 Gramm Nr. 3, 10 Gramm Nr. 8 perlgrau
10 Gramm Nr. 8 weiß

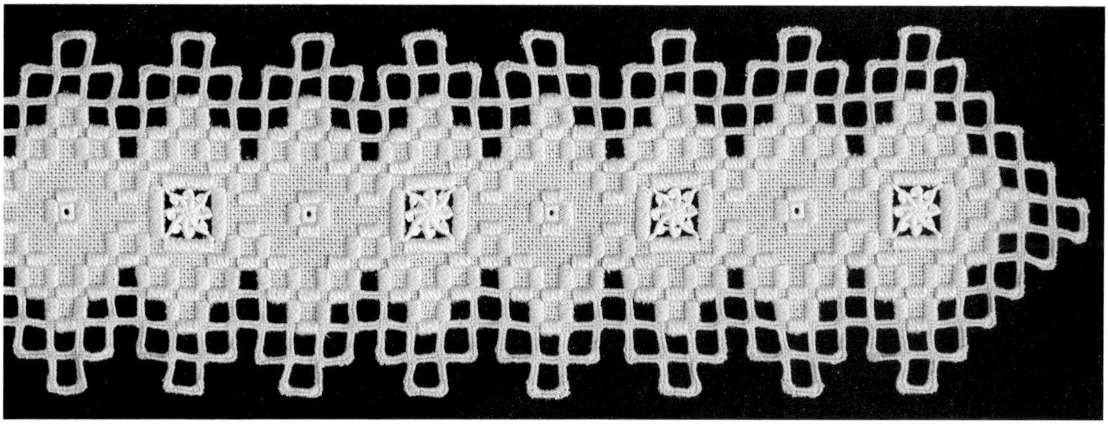

Filigranes Deckchen
(Farbbild S. 64, links)

Größe: 48 x 48 cm
Stoff: Siebleinen 10 Fäden/cm (Dublin von Zweigart und Sawitzki, Farbe 23 (naturmeliert), 140 cm breit)
Sticharten und Garn:
Plattstich, Garn Nr. 8
Stopfstege, Garn Nr. 8
Malteserkreuze, Garn Nr. 8
Viertel Madeiraröschen, Garn Nr. 8
Garnverbrauch: MEZ Perlgarn, Farbe 391 (sand) 20 Gramm Nr. 8
Anmerkung: Die Malteserkreuze werden vor den Stopfstegen gearbeitet.

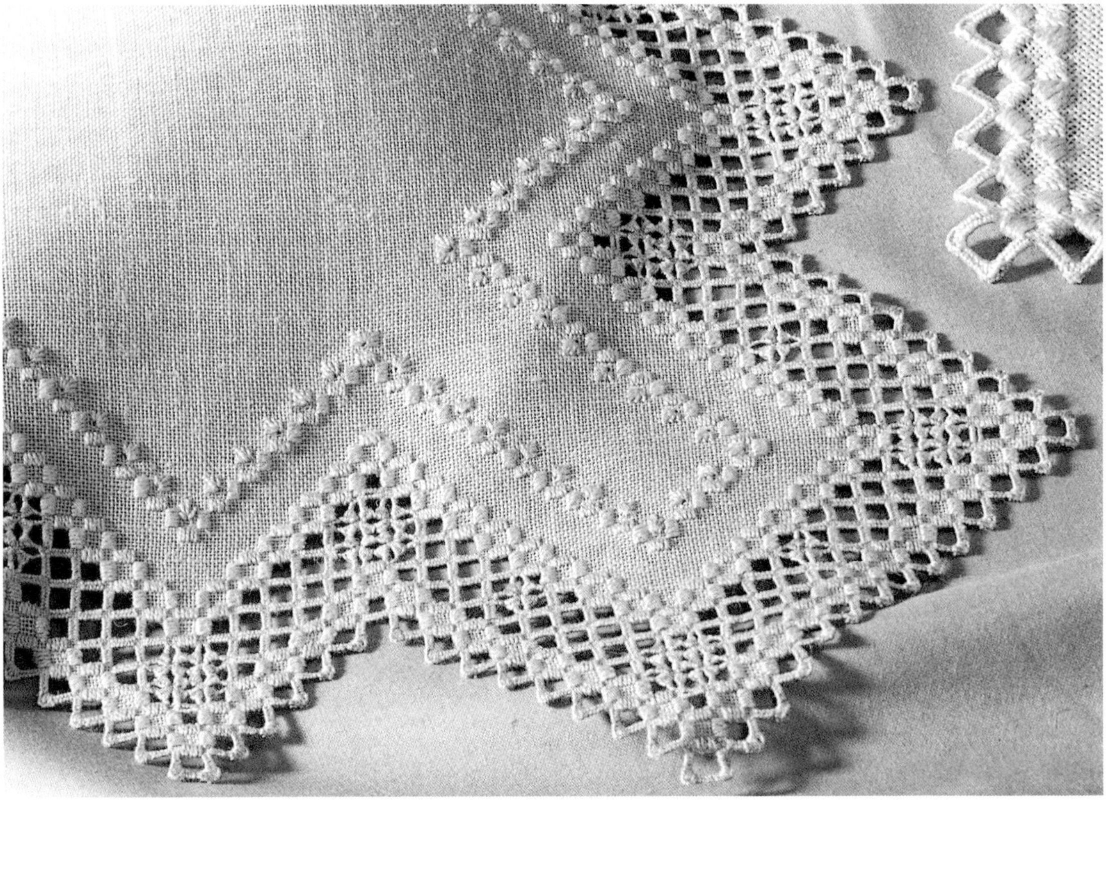

Decke (Farbbild S. 64, rechts)

Größe: 76 x 76 cm. Die Decke ist im schrägen Fadenlauf gearbeitet, das heißt Stoffzuschnitt ist 110 x 110 cm! Eine Seitenlänge von 76 cm hat sieben Motive.
Stoff: Reines Leinen 7 Fäden/cm (Vieböck-Leinen Nr. 240, Farbe natur, 40, 150 und 180 cm breit)
Sticharten und Garn:
Plattstich, Garn Nr. 3
Malteserkreuze, Garn Nr. 5
Schnecke, Garn Nr. 5
Spitzenrand, Garn Nr. 8
Garnverbrauch: MEZ Perlgarn Farbe 387 (creme)
50 Gramm Nr. 3, 25 Gramm Nr. 5
Anmerkung: Malteserkreuze und Schnecke werden in einem Arbeitsgang gearbeitet.

Decke (Farbbild S. 65)

Größe: 60 x 60 cm
Stoff: Mischgewebe 7,5 Fäden/cm (Ariosa von Zweigart und Sawitzki, Farbe 559 (flieder), 140 cm breit)
Sticharten und Garn:
Plattstich, Garn Nr. 3
Malteserkreuze, Garn Nr. 8
Spitzenrand, Garn Nr. 8
Garnverbrauch: MEZ Perlgarn Farbe 108 (flieder)
40 Gramm Nr. 3, 20 Gramm Nr. 8
Anmerkung: Das Muster ist in Länge und Breite veränderbar.

Tablettdeckchen (Farbbild S. 65)

Größe: 60 cm lang, 37 cm breit
Stoff: Wie Decke oben
Sticharten und Garn:
Plattstich, Garn Nr. 3
Pikotstege, Garn Nr. 5
Gerader Steppstich, Garn Nr. 5
Langettenrand, Garn Nr. 5
Garnverbrauch: MEZ Perlgarn Farbe 108 (flieder)
25 Gramm Nr. 3, 20 Gramm Nr. 5, 10 Gramm Nr. 8

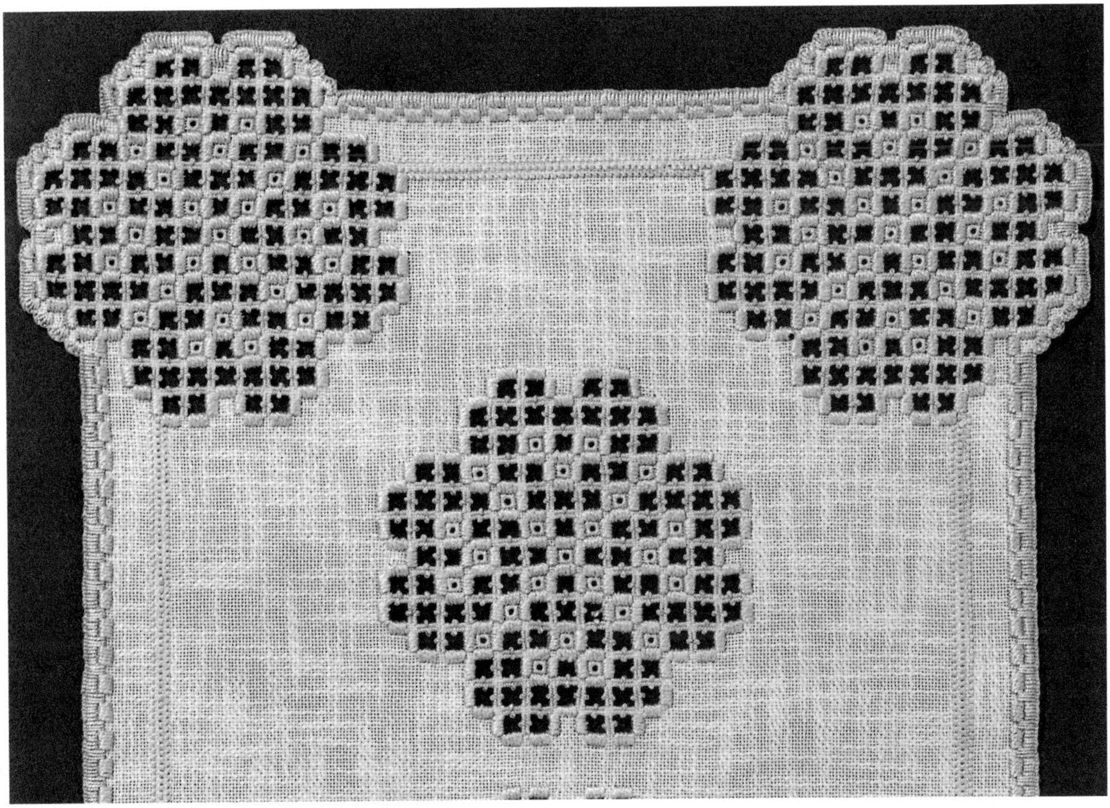

M–

Weiße Decke

(Farbbild S. 66/67, links)

Größe: 84 x 84 cm
Stoff: Mischgewebe 7 Fäden/cm (Rügen von Leibfried, Farbe 09 (weiß), 170 cm breit)
Sticharten und Garn:
Plattstich, Garn Nr. 3
Stopfstege, Garn Nr. 5
Langettenrand, Garn Nr. 5
Hohlsaum zwischen den Motiven, Garn Nr. 8
Garnverbrauch: MEZ Perlgarn, Farbe 02 (weiß)
75 Gramm Nr. 3, 25 Gramm Nr. 5

Anmerkung: Zunächst die Plattstiche ausführen, dann die Stege stopfen, danach den Langettenrand und dann den Hohlsaum zwischen den Sternen arbeiten. Die Hohlsaumkante ist 3 cm breit. Die Decke kann beliebig vergrößert werden. Es können auf jeder Seite mehr Motive eingearbeitet werden, die Vergrößerung kann auch durch eine längere Hohlsaumkante vorgenommen werden.

Roter Stern (Farbbild S. 66/67, auf weißer Decke)

Größe: 19 cm Durchmesser
Stoff: Teeleinen 8 Fäden/cm (Sänger-Leinen, Nr. 1301/53/Hessen-Leinen, rot, 180 cm breit
Sticharten und Garn:
Plattstich, Garn Nr. 3
Langettenrand, Garn Nr. 5
Stopfstege, Garn Nr. 8
Garnverbrauch: MEZ Perlgarn Farbe 47 (kirschrot)
10 Gramm Nr. 3, 10 Gramm Nr. 5, 5 Gramm Nr. 8

Rote Decke (Farbbild S. 66/67, rechts)

Größe: 81 x 81 cm
Stoff: Reine Baumwolle 7,5 Fäden/cm (Hessen-Leinen, kirschrot)
Sticharten und Garn:
Plattstich, Garn Nr. 3
Pikotstege, Garn Nr. 5
Hohlsaum, Garn Nr. 8
Garnverbrauch: MEZ Perlgarn Farbe 02 (weiß)
100 Gramm Nr. 3, 50 Gramm Nr. 5, 10 Gramm Nr. 8

Roter Weihnachtsstern

(Farbbild S. 66/67, Deckchen in der Schale)

Größe: 33 x 33 cm
Stoff: Teeleinen 8 Fäden/cm (Sänger-Leinen, Nr. 1301/53, rot, 180 cm breit)
Sticharten und Garn:
Plattstich, Garn Nr. 3
Langettenrand, Garn Nr. 5
Stopfstege, Garn Nr. 8
Pikotstege, Garn Nr. 8
Madeiraröschen, Garn Nr. 8
Garnverbrauch: MEZ Perlgarn Farbe 47 (kirschrot)
15 Gramm Nr. 3, 5 Gramm Nr. 5, 10 Gramm Nr. 8

◀ Braune Streifendecke
(Farbbild S. 68)

Größe: 190 cm lang, 140 cm breit, sechs braune Längsstreifen
Stoff: Reines Leinen mit eingewebten braunen Streifen, 10 Fäden/cm (Sänger-Leinen/Schwälmer Streifenleinen I von Hessen-Leinen)
Sticharten und Garn.
Plattstich, Garn Nr. 5
Stopfstege, Garn Nr. 8
Doppelter Rückstich, Garn Nr. 8
Edelweiß, Garn Nr. 8
Madeiraröschen, Garn Nr. 8
Hohlsaum, Garn Nr. 8
Monogramm Kreuzstich über zwei Fäden, Garn Nr. 8 Farbe mittelbraun
Garnverbrauch: MEZ Perlgarn, Farbe 02 (weiß) 80 Gramm Nr. 5, 50 Gramm Nr. 8, 10 Gramm Nr. 8 (Farbe mittelbraun)
Anmerkung: Die fünf weißen Streifen sind bestickt, wobei bei den beiden äußeren und den mittleren Streifen das Muster 98 cm lang ist und 12 Edelweißmotive enthält, bei den zwei restlichen Streifen ist das Muster nur 58 cm lang mit 6 Edelweißmotiven.

Blaue Streifendecke
(Farbbild S. 68, rechts)

Größe: 170 cm lang, 140 cm breit, insgesamt sechs blaue Längsstreifen
Stoff: Reines Leinen mit eingewebten blauen Streifen, 10 Fäden/cm (Sänger-Leinen/Schwälmer Streifenleinen I von Hessen-Leinen)
Sticharten und Garn:
Plattstich, Garn Nr. 5
Stopfstege, Garn Nr. 8
Spitze, Garn Nr. 8
Zierspannstich, Garn Nr. 8
Monogramm Kreuzstich über zwei Fäden, Garn Nr. 8, Farbe mittelblau
Garnverbrauch: MEZ Perlgarn Farbe 02 (weiß) und Farbe mittelblau
50 Gramm Nr. 5, 20 Gramm Nr. 8, 10 Gramm Nr. 8 Farbe mittelblau
Anmerkung: Bestickt sind die mittleren drei weißen Streifen, das Muster ist 95 cm lang.

–M

Blaue Streifendecke (Farbbild S. 68, links)

Größe: 170 cm lang, 140 cm breit, insgesamt fünf blaue Längsstreifen
Stoff: Reines Leinen mit eingewebten blauen Streifen, 10 Fäden/cm (Sänger-Leinen/Schwälmer Streifenleinen I von Hessen-Leinen)
Sticharten und Garn:
Plattstich, Garn Nr. 5
Stopfstege, Garn Nr. 8
Madeiraröschen, Garn Nr. 8
Einfacher Rückstich, Garn Nr. 8
Hohlsaum, Garn Nr. 8
Monogramm Kreuzstich über zwei Fäden, Garn Nr. 8, Farbe 798 (mittelblau)
Garnverbrauch: MEZ Perlgarn, Farbe 02 (weiß) und Farbe 128 (mittelblau) 50 Gramm Nr. 5, 20 Gramm Nr. 8, 10 Gramm Nr. 8 (Farbe 128)
Anmerkung: Die vier weißen Streifen sind bis auf 10 cm Rand über die ganze Länge bestickt.

Schachbrettdecke (Farbbild S. 69)

Größe: 93 x 93 cm einschließlich 2 cm Hohlsaum
Stoff: Reines Leinen 8 Fäden/cm (Vieböck-Leinen Nr. 230, Farbe natur, 150 und 200 cm breit)
Sticharten und Garn:
Plattstich, Garn Nr. 3
Stopfstege, Garn Nr. 8
Madeiraröschen, Garn Nr. 8
Hohlsaum, Garn Nr. 8
Garnverbrauch: MEZ Perlgarn Farbe 392 (graubraun)
75 Gramm Nr. 3, 50 Gramm Nr. 8

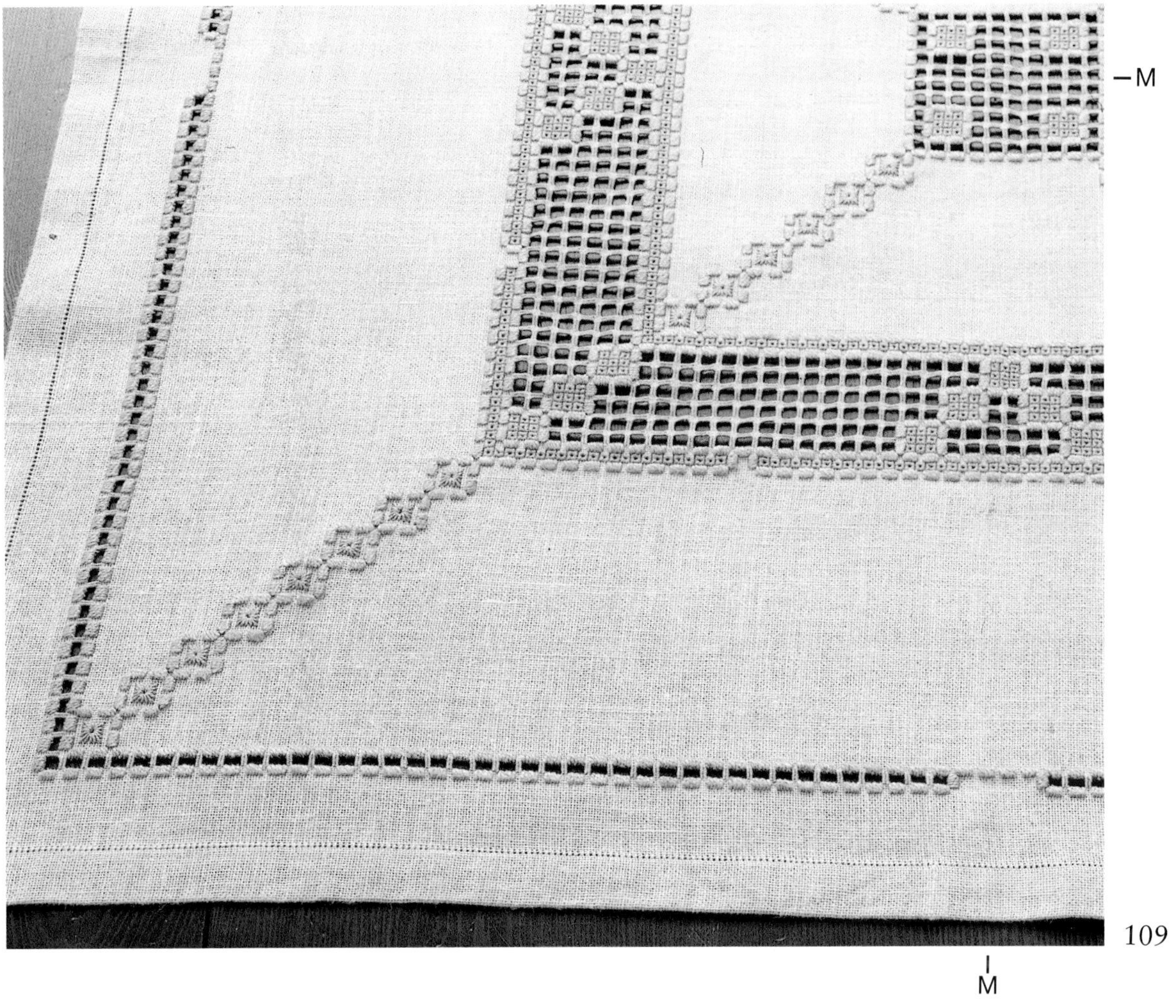

Tafeldecke (Farbbild S. 70)

Größe: 210 cm lang, 130 cm breit, einschließlich einer Hohlsaumkante von 2 cm Breite. Motivgröße 49 cm Seitenlänge.
Stoff: Mischgewebe 7,5 Fäden/cm (Ariosa von Zweigart und Sawitzki, Farbe 524 (hellblau), 140 und 180 cm breit)
Sticharten und Garn:
Plattstich, Garn Nr. 3
Stopfstege, Garn Nr. 5
Pikotstege, Garn Nr. 5
Madeiraröschen, Garn Nr. 8
Hohlsaum, Garn Nr. 8
Garnverbrauch: MEZ Perlgarn Farbe 02 (weiß)
160 Gramm Nr. 3, 100 Gramm Nr. 5, 10 Gramm Nr. 8
Anmerkung: Die Decke kann in den Ausmaßen beliebig verändert werden.

Mitteldeckchen
(passend zum Tafeltuch, Farbbild S. 70)

Größe: 49 x 49 cm
Stoff: Ariosa wie oben, Farbe 100 (weiß)
Sticharten und Garn:
Plattstich, Garn Nr. 3
Stopfstege, Garn Nr. 5
Pikotstege, Garn Nr. 5
Langettenrand, Garn Nr. 5
Madeiraröschen, Garn Nr. 8
Garnverbrauch: MEZ Perlgarn Farbe 02 (weiß)
40 Gramm Nr. 3, 25 Gramm Nr. 5, Rest Nr. 8 von der Tafeldecke

Läufer (Farbbild S. 71)

Größe: 52 cm lang, 27 cm breit
Stoff: Reines Leinen 7,5 Fäden/cm (Cork von Zweigart und Sawitzki, Farbe 101 (naturweiß), 140 cm breit)
Sticharten und Garn:
Plattstich, Garn Nr. 3
Stopfstege, Garn Nr. 8
Madeiraröschen, Garn Nr. 8
Viertelmadeiraröschen, Garn Nr. 8
Spitze, Garn Nr. 8
Spitzenrand, Garn Nr. 8
Garnverbrauch: MEZ Perlgarn Farbe 02 (weiß)
30 Gramm Nr. 3, 10 Gramm Nr. 8

–M

Schmale Gardine (Farbbild S. 71)

Größe: 29 cm breit einschließlich 2 cm Hohlsaum, 133 cm lang einschließlich 1 cm Hohlsaum
Stoff: Reines Leinen 7,5 Fäden/cm (Cork von Zweigart und Sawitzki, Farbe Nr. 101 (naturweiß), 140 cm breit)
Sticharten und Garn:
Plattstich, Garn Nr. 3
Stopfstege, Garn Nr. 5
Langettenrand, Garn Nr. 5
Hohlsaum, Garn Nr. 8
Garnverbrauch: MEZ Perlgarn Farbe 02 (weiß)
50 Gramm Nr. 3, 25 Gramm Nr. 5, 5 Gramm Nr. 8
Anmerkung: Die Gardine hat 9 Motive. Ein Motiv ist 16 cm breit und 21 cm hoch.

Breite Gardine
(Farbbild S. 71)

Größe: 57 cm breit einschließlich 4 cm Hohlsaum, 133 cm lang einschließlich 2 cm Hohlsaum
Stoff: Wie schmale Gardine, siehe oben
Sticharten und Garn:
Plattstich, Garn Nr. 3
Stopfstege, Garn Nr. 5
Langettenrand, Garn Nr. 5
Hohlsaum, Garn Nr. 8
Garnverbrauch: MEZ Perlgarn Farbe 02 (weiß)
75 Gramm Nr. 3, 50 Gramm Nr. 5, 5 Gramm Nr. 8
Anmerkung: Die Gardine hat sieben Motive. Ein Motiv ist 20 cm breit und 44 cm hoch. Der Hohlsaumrand muß so breit gearbeitet werden, daß die Gardinenstange Platz hat.

Herstellernachweis

Coats MEZ
Kaiserstraße 1
79341 Kenzingen

Farbe und Form
Gesellschaft für textiles Design
Schwarzer Berg 16
23829 Kükels

Gütermann & Co.
Landstr. 1
79261 Gutach/Breisgau

Hessen-Leinen
H. Braun Handarbeiten
Ringmauer 23
36110 Schlitz

I. C. Leibfried GmbH
Postfach 140
71063 Sindelfingen

Sänger-Leinen
Oberstr. 2
CH-3550 Langnau i. E.
In Deutschland über Hessen-Leinen (siehe dort)

Uhlenhof-Stickereien
Diekstraat 7
23738 Kabelhorst
ab 1. 11. 93 in 19217 Thandorf

Vaupel & Heilenbeck
Föhrenstraße 18
42283 Wuppertal

H. Vieböck
Mühlviertler Leinenweberei
A-4184 Helfenberg O.Ö.
In Deutschland über
Jürgen Timm
Kranzbichlstraße 4
83083 Riedering-Moosen

Zweigart und Sawitzki
Fronäckerstraße 50
71063 Sindelfingen

Hildegard Iserlohe wurde 1913 in Leipzig geboren. An den Kunstgewerblichen Werkstätten in Chemnitz erhielt sie eine Ausbildung speziell im Entwerfen von Mustern und in Stickerei. Mit 65 Jahren spezialisierte sie sich auf Entwürfe von Hardanger Stickerei und leitet seither laufend Kurse, betreut Stickclubs, beteiligt sich an verschiedenen Ausstellungen, entwirft und fertigt Modelle für Handarbeitszeitschriften. Im Raum Osterode/Harz findet jährlich eine große Ausstellung ihrer Hardanger Stickereien statt.

Gertrude Zips wurde 1957 in Weilburg/Hessen geboren. Von Beruf ist sie Juristin. Sie leitet Kurse in Hardanger Stickerei, beteiligt sich an Ausstellungen und betreut einen Stickkreis.

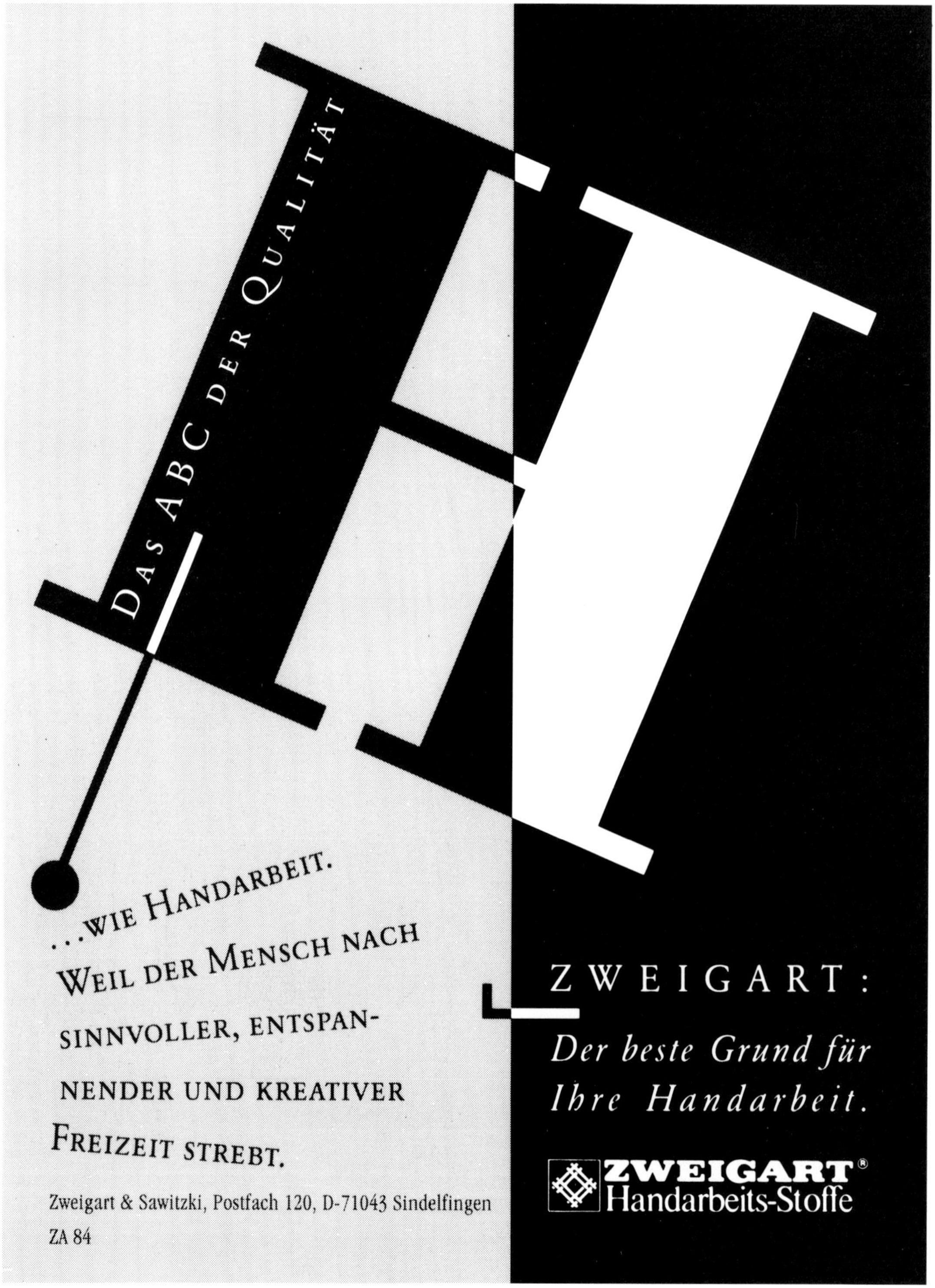
Das ABC der Qualität
...wie Handarbeit.
Weil der Mensch nach
sinnvoller, entspan-
nender und kreativer
Freizeit strebt.
Zweigart & Sawitzki, Postfach 120, D-71043 Sindelfingen
ZA 84
ZWEIGART:
Der beste Grund für
Ihre Handarbeit.
ZWEIGART®
Handarbeits-Stoffe

Anchor
Stick- und Häkelgarne
Das ideale Material
für kreatives
Handarbeiten
COATS
Coats Mez
natürlich farbig
Coats Mez GmbH, 79337 Kenzingen
Liana
50g 10
CORDONNET MERCER CROCHET
10g 40
MEZ GARN
COATS